SO GEHT

GARTEN

SO GEHT

GARTEN

DIE BASICS FÜR EINSTEIGER

DK

DK | Penguin Random House

Zweite Ausgabe
DK London / Delhi
Lektorat Lucy Philpott, Charlotte Beauchamp, Ruth O'Rourke, Ankita Gupta, Saloni Singh
Herstellung David Almond, Samantha Cross, Balwant Singh, Malavika Talukder
Fachberatung Chris Young

ROYAL HORTICULTURAL SOCIETY
Beratung Simon Maughan
Verlagsleitung Bücher Helen Griffin

Erste Ausgabe
Lektorat Mary-Clare Jerram, Dawn Henderson, Emma Tennant, Jane Simmonds
Gestaltung und Bildredaktion Maxine Pedliham, Marianne Markham, Mandy Earey, Charlotte Johnson
Umschlaggestaltung Steven Marsden
Herstellung Rebecca Fallowfield
DK Picture Library Emily Reid

Für die deutsche Ausgabe:
Redaktionsleitung Dr. Kerstin Schlieker
Projektbetreuung Manuela Stern
Herstellungskoordination Claudia Rode
Herstellung und Covergestaltung Jenny Kolbe

Titel der englischen Originalausgabe:
RHS How to garden when you're new to gardening

Übersetzung Reinhard Ferstl
Lektorat Christine Ritter
Lektorat der Neuausgabe Dr. Ruthild Kropp

ISBN 978-3-8310-4995-0
5902-337006-23693-01

Druck und Bindung C&C Offset Printing, China

MIX
Papier | Fördert gute Waldnutzung
FSC® C018179
FSC www.fsc.org

www.dk-verlag.de

INHALT

VORWORT

Das eigene Stückchen Land zu begrünen macht viel Spaß. Knifflig allerdings wird es, wenn man darüber entscheiden muss, was dort wachsen soll. Dieses Buch hat Antworten auf alle Fragen von Hobbygärtnern, die sich mit Begeisterung an das Anpflanzen von Obst und Gemüse oder auch Bäumen und Blumen machen.

Im Kapitel »Erste Schritte« erfahren Sie, wie Sie Ihr Grundstück kennenlernen und Pflanzen auswählen, die langfristig für bestimmte Bodentypen und Bedingungen geeignet sind. »Blüten und Blätter« weiht Sie in die Geheimnisse der Aussaat ein, lässt Sie staunen über die Vielfalt des Topfgärtnerns und zeigt Ihnen, wie Sie eine neue Rabatte anlegen. In »Rasen« finden Sie heraus, wie Sie das Beste aus dem vielleicht größten Teil Ihres Gartens machen, während »Gräser« Ihnen das Rüstzeug in die Hand gibt, um eine ganz besondere Gruppe von Pflanzen gut zu pflegen.

Je mehr Vertrauen Sie in Ihre gärtnerischen Fähigkeiten gewinnen, desto häufiger werden Sie auch ehrgeizigere Projekte wagen – etwa Blütensäulen in »Kletterpflanzen«, einen Formschnittkegel in »Sträucher« oder das Einpflanzen und Heranziehen Ihres ersten Gehölzes in »Kleine Bäume«.

Viele Einsteiger möchten auf ihrem eigenen Stück Land als Allererstes Obst und Gemüse heranziehen. In den jeweiligen Kapiteln finden Sie Schritt-für-Schritt-Anleitungen zum Anbau, aber auch spezielle Pflanzideen für Areale jeder Form und Größe. Kräuter werden in Ihrem Nutzgarten bald einen Stammplatz haben, ob in Beeten, Rabatten, Blumenampeln oder Fensterkästen.

Im letzten Kapitel »Gartenpraxis« erfahren Sie alles Wichtige über das Wässern, Düngen und Pflegen Ihrer Gewächse. Damit bleibt Ihr Garten gesund, aufgeräumt und von Schädlingen und Krankheiten weitgehend verschont.

Einen Garten anzulegen, den Sie genießen und der das ganze Jahr gut aussieht, ist leichter, als Sie denken! Wenn Sie alle Tipps in diesem Buch beachten und einige der beschriebenen Projekte umsetzen, sehen Sie sofort optimale Ergebnisse und gärtnern langfristig mit Erfolg. Dann können Sie einen Garten genießen, der zu jeder Jahreszeit gut aussieht!

ERSTE **SCHRITTE**

IN WELCHE RICHTUNG **ZEIGT IHR GARTEN?**

Von der Himmelsrichtung, in die Ihr Garten zeigt, hängt ab, wie sonnig und schattig es in ihm ist. Wenn Sie das bei der Auswahl der Pflanzen berücksichtigen, werden sich diese wohlfühlen und gedeihen.

Das simple Beobachten der Sonneneinstrahlung reicht schon zur Orientierung. Gärten mit südlicher Ausrichtung sind am sonnigsten, solche mit nördlicher am schattigsten. Mit einem Kompass bestimmen Sie die Ausrichtung. Stellen Sie sich dazu mit dem Rücken zum Haus und lesen Sie die Himmelsrichtung ab, die von Ihnen wegzeigt.

AUF EINEN BLICK

- Bäume, Hecken und Strauchrabatten sind Barrieren. Sie bremsen den Wind und schützen Pflanzen ebenso wie Menschen.
- Sonnige Plätze lassen sich für wärmeliebende Pflanzen attraktiver gestalten, wenn man Hochbeete zur Verbesserung der Dränage anlegt.
- Mit durchlässigen Barrieren wie Rankgittern werden zugige Bereiche etwas besser geschützt.

SIEHE AUCH

- **BÖDEN BESTIMMEN** >> 12/13
- **GESUNDE PFLANZEN AUSWÄHLEN** >> 20/21

OST UND WEST

Gärten mit östlicher Ausrichtung sind morgens sonnig, aber kalt. Hier gedeihen winterharte Pflanzen, die etwas Schatten brauchen. Westmauern und -zäune bekommen nachmittags und abends Sonne und haben ein milderes Klima.

Wie viel Licht ein Garten abbekommt, ändert sich im Lauf des Tages mit dem Sonnenstand. Ein Südgarten hat den ganzen Tag Sonne, ein Nordgarten wesentlich weniger – im Winter vielleicht sogar überhaupt keine. Sonnige Gärten sind oft vorzuziehen, doch hat auch ein schattiges Fleckchen seine Vorteile. Es gibt viele wunderbare Schattenpflanzen, die keine direkte Sonne vertragen, etwa *Mahonia* oder Alpenveilchen. In einem sonnigen Garten wiederum fühlen sich nicht ganz winterharte Arten wohl.

Morgens: Wo jetzt viel Sonne ist, ist es vielleicht am Nachmittag schattig.

Mittags: Die Sonne steht im Zenit, die Lichtintensität ist am höchsten.

Abends: Vor Sonnenuntergang wirft das Streiflicht lange Schatten.

BÖDEN **BESTIMMEN**

Wenn man weiß, welchen Bodentyp man in seinem Garten hat, kann man auch die Pflanzenwahl optimal darauf abstimmen. Böden lassen sich zwar bis zu einem gewissen Maß verbessern, aber letztlich muss man mit dem zurechtkommen, was man hat.

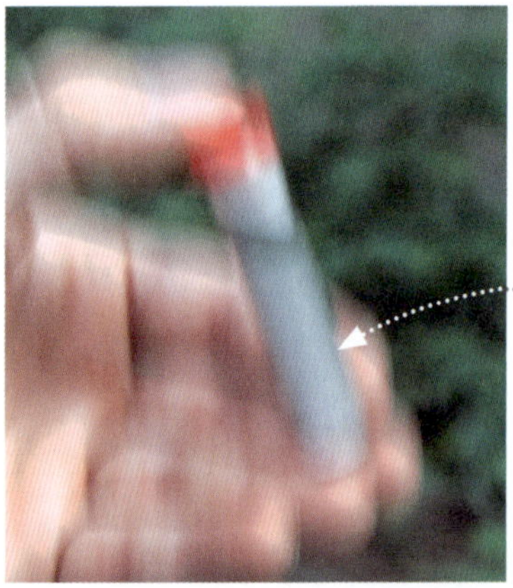

Saure Böden Sie enthalten im Gegensatz zu alkalischen Böden keinen oder kaum Kalk. Manche Pflanzen wachsen in sauren Böden gut, andere vertragen sie nicht. Besorgen Sie sich daher einen Testsatz zur Bestimmung des pH-Werts. Nehmen Sie aus Ihrem Garten eine Bodenprobe und geben Sie sie in die Lösung. Dann muss sich das Ganze setzen.

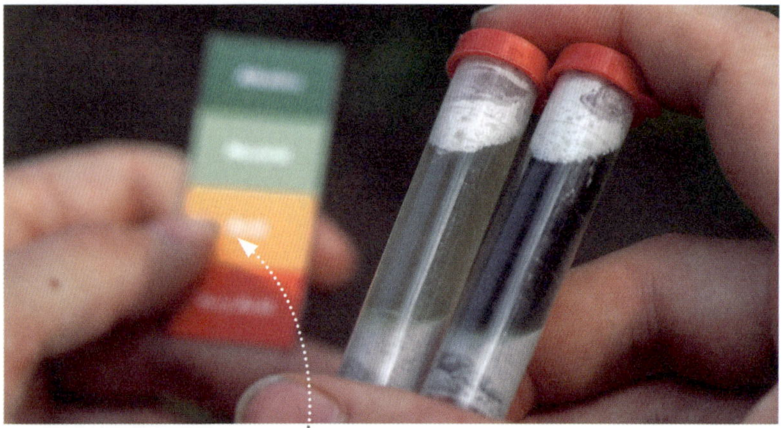

Bestimmung des pH-Werts Vergleichen Sie die Farbe auf der Karte mit der Probe. Die Skala reicht von 14 (sehr alkalisch) bis 1 (sehr sauer). 7 ist neutral.

AUF EINEN BLICK

- **Die Bodeneigenschaften** zu bestimmen spart Zeit und Geld, da man seine Pflanzen entsprechend auswählen kann.
- **Werfen Sie einen Blick** in Nachbargärten und halten Sie fest, welche Pflanzen dort wachsen. Sie sollten normalerweise auch auf Ihrem Grund gedeihen und sind daher ausgezeichnete Indikatoren.

SIEHE AUCH

- **BÖDEN VERBESSERN** >> 16/17
- **EIGENE KOMPOSTERDE HERSTELLEN** >> 234/235

DER PERFEKTE BODEN

Jede Pflanze hat ihre eigenen Ansprüche. Doch meist gelten Lehmböden – eine Mischung aus Ton, Sand und Schluff – als gut. Ideale Erde ist zudem in etwa pH-neutral und enthält etwas organische Substanz.

Sandböden Sie lassen sich leicht umgraben und jäten. Außerdem erwärmen sie sich im Frühjahr schneller. Manche Pflanzen bevorzugen sie, weil sie sehr durchlässig sind. Bei starkem Regen werden dadurch aber auch wertvolle Mineralien herausgewaschen. Deshalb sind Sandböden manchmal recht nährstoffarm. Je mehr Sand das Erdreich enthält, desto bröseliger fühlt es sich an, denn Sandböden enthalten fast keinen klebenden, formbaren Ton. Erde mit hohem Sandgehalt fühlt sich zudem rau, krümelig und trocken an, wenn man sie zwischen den Fingern zerreibt.

Sandböden fühlen sich grobkörnig an, wenn man sie zwischen den Fingern zerreibt.

Pressen Sie eine Handvoll Erde zusammen und lockern Sie den Griff. Sandige Erde zerfällt.

Tonböden Sie sind zwar potenziell die nährstoffreichsten und produktivsten Böden, doch äußerst feinkörnig. Bei Nässe werden sie daher zu einem schmierigen, dichten Brei, der an Schuhen und Gartenwerkzeug haftet. Tonreiche Böden neigen zu Staunässe und bilden bei viel Niederschlag Pfützen, während sie bei Trockenheit Risse bekommen. Man kann sie durch Einarbeiten von reichlich Sand bzw. feinem Kies und organischer Substanz enorm verbessern.

Wenn Sie eine Handvoll Erde formen können und sie ihre Form behält, haben Sie es mit Ton zu tun. Befeuchtet fühlt er sich schleimig an.

Lässt sich Erde zu einer Wurst und dann zu einem Ring formen, hat sie einen sehr hohen Tonanteil.

Das Heranziehen eigener Pflanzen durch Aussaat ist eine so einfache wie preiswerte Möglichkeit, den Garten zu füllen. Zuerst müssen Sie jedoch Gartenausrichtung und Bodentyp bestimmen. Dann können Sie sich an die Planung machen.

BÖDEN **VERBESSERN**

Die meisten Gartenböden kann man durch vorbereitende – und laufende – Maßnahmen verbessern. So bleiben auch die Pflanzen in schweren Ton- und leichten Sandböden gesünder.

AUF EINEN BLICK

- **Betreten Sie Tonböden nicht,** wenn sie feucht sind. Sie beschädigen dadurch die Struktur der Erde und beeinträchtigen ihre Durchlässigkeit.
- **Es hat wenig Sinn,** steinharte Tonböden im Sommer umzugraben: Die Klumpen zerfallen zu Staub.
- **Sehr schweren** und sehr leichten Böden tut es gut, wenn man jährlich organische Substanz in sie einarbeitet.

SIEHE AUCH

- **BÖDEN BESTIMMEN** >> 12/13
- **DIE PASSENDE TOPFERDE AUSWÄHLEN** >> 18/19

FACHBEGRIFFE, ERKLÄRT

Oberboden ist die oberste Bodenschicht und meist dunkler als tiefere Schichten. Sie enthält viel organische Substanz, Feuchtigkeit und Nährstoffe.

Unterboden ist die Schicht unter dem Oberboden. Sie ist meist heller als dieser, da sie weniger organische Substanz enthält.

Durchlässigkeit von Tonböden verbessern Das Einarbeiten von organischer Substanz wie verrottetem Stallmist oder Pilzkompost (oder von Kies, siehe gegenüber) verbessert die Durchlässigkeit von Oberböden. Tonböden lassen sich schon früh in der Saison bearbeiten, wenn man sie den Winter über unter einer Plastikfolie trocken hält. Saure Tonerde kann man mit einer Kopfdüngung aus Kalk im Frühjahr aufbrechen, doch sollte man dann auf Dünger verzichten.

Nährstoff- und Wasseranteil von Sandböden verbessern Stark durchlässige Sandböden können ganzjährig bearbeitet werden. Dafür fällt die fruchtbare oberste Schicht, in der Pflanzen wurzeln, bei sandiger Erde oft recht dünn aus, während der Unterboden häufig verdichtet ist und viele Steine enthält. Man sollte tiefere Schichten beim Umgraben nicht an die Oberfläche bringen, da sie wenig Nährstoffe enthalten. Im Spätwinter oder Vorfrühling verteilt man eine mindestens 10 cm dicke Lage gut verrotteten Stallmist, Pilzkompost oder Humus auf dem Boden. Sie verringert die Verdunstung und verhindert eine Austrocknung der Erde, verbessert aber auch ihren Nährstoffgehalt.

Ideal ist Kies mit einer Körnung von 10 mm.

Durchlässigkeit durch Einarbeiten von Kies verbessern Wer sumpfige oder tonige Böden im Garten hat, kann die Dränage durch Einarbeiten von Kies verbessern. Kies verringert die Fähigkeit des Erdreichs, Feuchtigkeit zu speichern. Arbeiten Sie ihn spatentief in größeren Mengen ein. Er ist nicht teuer, aber sehr schwer; rechnen Sie daher vorher aus, wie viel Sie brauchen. Verwenden Sie nur gewaschenen Kies, damit das Erdreich nicht versalzt.

DIE PASSENDE TOPFERDE **AUSWÄHLEN**

Man unterscheidet vier Hauptsubstrate. Wie aber soll man wissen, welches man braucht? Welche Erde ist für langlebige Pflanzen ideal? Warum wird so viel Aufhebens um Torf gemacht? Sind torffreie Substrate eine Alternative?

AUF EINEN BLICK

- **Substrate** sind von unterschiedlicher Qualität. Orientieren Sie sich an Tests in der Gartenpresse.
- **Bei der Verwendung** handelsüblicher Topferden muss nach sechs Wochen mit dem Düngen begonnen werden.
- **Kokoserden** haben keine gute Ökobilanz. Sie enthalten keinen Torf, doch der Transport über viele Tausend Kilometer belastet die Umwelt.

SIEHE AUCH

- **FARBENFROHE ARRANGEMENTS** >> 36/37
- **BLUMENAMPEL FÜRS FRÜHJAHR** >> 38/39
- **EINEN STRAUCH EINTOPFEN** >> 112/115

VOM SAMEN ZUR PFLANZE

Größere Pflanzen brauchen reichlich Nährstoffe, um zu gedeihen. Für sie verwendet man am besten Substrate mit Düngerzusatz. Samen und Sämlinge müssen nicht zusätzlich mit Nährstoffen versorgt werden.

Erdhaltige Substrate speichern Wasser und Nährstoffe gut.

Erdhaltige Substrate Sie enthalten einen gewissen Anteil Ton, Sand und Schluff bzw. Lehm und darüber hinaus verschiedene Zuschlagstoffe. Es gibt Mischungen für die unterschiedlichsten Pflanzen. Schwere Substrate wie z. B. Einheitserde Typ T sind für langlebige Pflanzen wie Sträucher geeignet, leichtere Substrate enthalten mehr Sand oder Torf. Man kann sie auch selbst aus Universalerde, Gartenerde und Kompost mischen.

Torffreie Substrate Beim Abbau von Torf für Pflanzenerde wird Kohlenstoff freigesetzt und gelangt in die Atmosphäre. Deshalb sollten Hobbygärtner torffreie Erde kaufen. Das Angebot ist groß – die Qualitätsspanne auch. Experimentieren Sie, um herauszufinden, welche Marke am geeignetsten für Sie ist. Kaufen Sie keine Erde vom Vorjahr. Am umweltfreundlichsten ist Kompost aus dem eigenen Garten.

Hitzebehandlung tötet Schädlinge, Krankheitserreger und Unkräuter ab.

Kokoserde trocknet rasch aus. Die Pflanzen müssen deshalb häufiger gewässert werden.

Kokoserde Sie enthält zerkleinerte Kokosrinde und -schalen und muss vor der Verwendung etwa 20 Minuten eingeweicht werden. Kokoserde hat wenig Nährstoffe und wird oft mit Blumenerde oder erdhaltigen Substraten gemischt. Man kann 1 Teil Kokoserde mit 2 Teilen anderer Erden mischen, um den Nährstoffgehalt für die Pflanzen zu verbessern. Kokoserde ist geeignet für einjährige Topfarrangements, die nicht allzu schwer sein sollen, etwa in Fensterkästen, Wandtöpfen oder auf Balkonen.

GESUNDE PFLANZEN **AUSWÄHLEN**

Wer eine Pflanze kaufen möchte, sollte sie vorher in Augenschein nehmen. Ziehen Sie ihren Ballen aus dem Topf und sehen Sie nach, ob sie gesunde, helle Wurzeln hat. Empfehlenswert sind außerdem Exemplare mit gesundem Wuchs und vielen Knospen.

Wurzeln prüfen Kaufen Sie keine Pflanzen mit dichtem Wurzelgeflecht, zwischen dem man nicht einmal mehr das Substrat sieht. Ein weiteres Alarmzeichen ist es, wenn die Wurzeln bereits aus dem Abzugsloch herauswachsen. Verdichtete Ballen können auch den oberirdischen Wuchs beeinträchtigen.

AUF EINEN BLICK

- **Kaufen Sie keine** Pflanzen aus bloßem Impuls heraus. Nehmen Sie sich stattdessen Zeit, ein gesundes, wüchsiges Exemplar zu finden.
- **Wichtig ist nicht die Trieblänge,** sondern die Zahl gesunder Knospen.
- **Kaufen Sie keine Pflanzen** mit welkem oder verfärbtem Laub oder solche, aus deren Topfballen das Unkraut herauswächst.

SIEHE AUCH

- **DIE PASSENDE TOPFERDE AUSWÄHLEN** >> 18/19
- **KULTUR LANGLEBIGER PFLANZEN** >> 28/29

AUSGEWOGENER WUCHS

Der oberirdische Wuchs einer Pflanze sollte sich gleichmäßig verteilen. Manche Exemplare haben eine deutlich sichtbare Vorder- und Rückseite, weil sie nicht regelmäßig gedreht wurden.

Meiden Sie Pflanzen mit welkendem und verfärbtem Laub.

Schlechter Wuchs Sieht eine ältere Pflanze ungesund aus, hat das einen guten Grund. Sie kann aus einem schlechten Bestand stammen und wird dann immer kümmern. Oder sie wurde stark vernachlässigt (rechts). Nur weil sie am Kauftag gut gewässert wurde, heißt das nicht, dass das auch an den Tagen davor der Fall war – oder dass sie nicht tagelang umgekippt in einer schattigen Ecke lag.

Groß ist nicht immer gut Es mag verlockend sein, die größte Pflanze zu nehmen. Aber Größe hat nichts mit Qualität zu tun, sondern kann auch Geldverschwendung bedeuten. Gut sind kräftige Jungpflanzen mit vielen frischen Trieben und Knospen sowie einem gesunden Wurzelsystem.

Kontrolle ist gut Beim Kauf in einem renommierten Gartencenter ist es unwahrscheinlich, dass Sie problematische Exemplare finden. Trotzdem sollte man die Pflanze ans Licht halten und sich beide Seiten von Blättern und Trieben ansehen. Laubverfärbungen sind ein Zeichen für Nährstoffmangel oder Krankheiten.

BLÜTEN & BLÄTTER

AUSSAAT INS **FREILAND**

Viele winterharte Einjährige wie Goldmohn (*Eschscholzia*) werden am besten direkt ins Freiland gesät. So spart man sich das Aussäen in Töpfe und Umpflanzen. Allerdings ist eine direkte Freilandaussaat nicht bei allen Pflanzen möglich. Lesen Sie die Hinweise auf den Samenpäckchen.

SIE BRAUCHEN

- Samen winterharter Einjähriger, z. B. von Goldmohn (*Eschscholzia*)
- Grabgabel
- Rechen
- Stab
- Gießkanne mit feiner Brause

SIEHE AUCH

- **AUSSAAT DRINNEN** >> 26/27
- **KULTUR LANGLEBIGER PFLANZEN** >> 28/29
- **AUSSAAT IN KLEINEN TÖPFEN** >> 178/179

FACHBEGRIFFE, ERKLÄRT

Einjährige durchlaufen ihren Lebenszyklus (Blüte, Aussaat, Absterben) innerhalb einer Saison.

Winterhart Verträgt in unseren Breiten Frost bis -23 °C und kann das ganze Jahr draußen bleiben.

Nicht winterhart Erfriert im Freien; wird daher drinnen ausgesät und nach draußen gepflanzt.

1 Für die Aussaat eine offene Stelle auswählen, auf der kein Konkurrenzdruck durch andere Pflanzen herrscht. Boden locker umgraben und Erdklumpen zerkleinern. Steine, Unkräuter und Unrat mit dem Rechen entfernen, dann die Oberfläche feinkrümelig harken.

3 Samen in die Handfläche schütten und nach und nach in die Saatrillen streuen. Nicht zu dicht säen. Größere Samenkörner einzeln mit den Fingerspitzen in die Erde drücken.

2 Mit einem Stock oder Bambusstab mehrere Saatrillen in die Bodenoberfläche drücken. Sät man dann in die Rillen, lassen sich die Sämlinge leichter erkennen, denn Unkräuter wachsen nicht in gerader Linie.

4 Feinkrümelige Erde dünn in die Saatrillen streuen. Mit einer Gießkanne mit feinem Brauseaufsatz gut wässern, ohne dass die Samen weggeschwemmt werden. Samenbeet feucht halten und Unkräuter sofort auszupfen. Nach dem Keimen zu dicht stehende Sämlinge ausdünnen.

AUSSAAT **DRINNEN**

Viele kurzlebige Pflanzen lassen sich gut draußen aussäen. Die Aussaat drinnen hat aber den Vorteil, dass man früher damit anfangen kann und oft bessere Ergebnisse erzielt. Möglich ist sie im Gewächshaus, in einem Frühbeet (einem Kasten mit Glasdeckel) oder auf einer sonnigen Fensterbank.

SIE BRAUCHEN

- Saatgut, etwa Kapuzinerkresse, Stiefmütterchen, Chrysanthemen oder Jungfer im Grünen
- torffreie Aussaaterde
- 9er-Töpfe (9 cm Durchmesser)
- Gießkanne mit feiner Brause
- kleine Schale
- Pflanzenetiketten
- wasserfester Stift

SIEHE AUCH

- **AUSSAAT INS FREILAND** >> 24/25
- **KULTUR LANGLEBIGER PFLANZEN** >> 28/29

GEFÄSSE BESCHRIFTEN

Beschriften Sie Ihre Aussaaten immer mit Etiketten und einem wasserfesten Stift. Notieren Sie den Namen der Pflanze und das Aussaatdatum. Am Ende der Saison macht es Spaß, frische Samen aus dem eigenen Garten zu ernten – kostenlos!

Kaufen Sie feinkrümelige, nährstoffarme Aussaaterde.

1 Einen sauberen bzw. neuen 9-cm-Topf bis 2–3 cm unter den Rand mit hochwertiger Aussaaterde füllen. Erde leicht andrücken, um eine ebene Oberfläche zu bekommen.

2 Erde leicht anfeuchten. Dafür am besten eine Gießkanne mit feinem Brausemundstück verwenden, damit die Erde nicht weggeschwemmt wird. Oder den Topf in eine Schale mit Wasser stellen, bis sich die Erde vollgesogen hat. Überschüssiges Wasser ablaufen lassen.

3 Samen gleichmäßig, aber nicht zu dicht aussäen, da das Auszupfen überschüssiger Sämlinge schwierig ist. Ein paar Körner pro Topf bei großen Samen oder eine Prise bei kleinen Samen reicht. Dünn mit Erde bedecken, falls dies auf dem Päckchen angegeben ist.

4 Sobald die Sämlinge erscheinen und einige Blattpaare haben, werden sie an die Freilandbedingungen gewöhnt. Dazu die Töpfe ein paar Wochen lang tagsüber nach draußen stellen. Anschließend die Sämlinge ins Freiland pflanzen.

KULTUR **LANGLEBIGER PFLANZEN**

Mehrjährige Pflanzen sind die Grundlage jedes gelungenen Gartens und füllen oft Beete und Rabatten. Es lohnt sich, anfangs etwas mehr Mühe auf sie zu verwenden, damit sie gut einwachsen.

SIE BRAUCHEN

- Pflanzen im 17-cm-Topf (hier eine Minze)
- Spaten, Gießkanne
- Komposterde

SIEHE AUCH

- **RABATTEN ANLEGEN** >> 44/47
- **HOCHBEETE UND EINFASSUNGEN ANLEGEN** >> 50/53
- **PFLANZEN AUSWÄHLEN** >> 54/57

FACHBEGRIFFE, ERKLÄRT

Mehrjährig nennt man Pflanzen, die länger als zwei Jahre leben und manchmal sogar sehr alt werden. Sie werden noch weiter unterschieden in Gehölze, also Sträucher und Bäume, sowie Stauden.

Stauden sind nicht oder kaum verholzende mehrjährige Pflanzen. Sie ziehen im Winter oft ein, d. h., ihr oberirdischer Wuchs stirbt ab. Im Frühjahr treiben sie aus den Wurzeln wieder neu aus. Stauden blühen meist jedes Jahr eine gewisse Zeit, Einjährige dagegen oft die ganze Saison hindurch.

1 Die Pflanze vor dem Einsetzen in ihrem Topf auf den Boden stellen, um zu sehen, ob sie an ihrem Standort auch wirklich gut aussieht. Boden vor dem Bepflanzen gründlich wässern, damit die Pflanze gut einwachsen und so einen optimalen Start hinlegen kann.

Der Standort sollte völlig unkrautfrei sein.

2 Mit einem Spaten ein Loch graben, das etwas breiter und tiefer als der Topf ist. Organische Substanz wie Komposterde auf dem Boden des Lochs verteilen und gut einarbeiten. Vor dem Einpflanzen etwas Wasser ins Loch gießen.

3 Die Pflanze vorsichtig aus dem Topf holen. Falls die Wurzeln außen am Topfrand schon sehr dicht wachsen, müssen sie vorsichtig gelockert und herausgezupft werden. Pflanze etwas tiefer ins Loch setzen als vorher im Topf.

4 Um die Wurzeln herum Erde einfüllen. Dabei darauf achten, dass die Pflanze aufrecht steht. Keine Erde um die Triebe herum anhäufeln – ihr Ansatz sollte sich vielmehr in der Mitte einer leichten Mulde befinden. Gut wässern.

SONNENBLUMEN **HERANZIEHEN**

Die unverwechselbaren, mitunter extrem hohen Pflanzen sind oft die ersten Blumen, die Kinder bewusst wahrnehmen. Es macht Spaß, die schnell wachsenden Schönheiten aus Samen zu ziehen. Sie blühen bis in den Herbst hinein.

SIE BRAUCHEN

- Sonnenblumensamen
- 9-cm-Töpfe (evtl. kompostierbar)
- torffreie Aussaaterde
- Gartenerde
- Gießkanne
- Dünger

SIEHE AUCH

- **AUSSAAT INS FREILAND** >> 24/25
- **AUSSAAT DRINNEN** >> 26/27
- **FARBENFROHE TOPFARRANGEMENTS** >> 36/37

GUT GEWACHSEN

Stützen Sie Sonnenblumen, damit der Wind sie nicht umwirft. Sobald sie eine gewisse Größe haben, sollten sie auch ohne Hilfe stehen. Sehr hohe Sorten brauchen jedoch oft ständig eine Stütze. Wichtig ist zudem regelmäßiges Wässern.

1 Einen Topf mit 9 cm Durchmesser mit Aussaaterde füllen. Kompostierbare Gefäße wie diese aus Kokosfasern eignen sich besonders gut, denn sie können mitsamt Sämling eingepflanzt werden. Doch auch in Plastiktöpfen sind Sämlinge gut aufgehoben.

2 Einen Samen pro Topf knapp unter die Oberfläche der Erde drücken. Im Frühjahr drinnen oder im beheizten Gewächshaus pflanzen. Freilandaussaat ab Mai oder Juni möglich. Wer möglichst hohe Exemplare will, muss aber früh drinnen aussäen.

Ausgesäte Sonnenblumen treiben schnell aus.

3 Nach dem Keimen gut wässern. Bei früher Aussaat drinnen müssen die Pflänzchen manchmal vor dem Auspflanzen noch einmal in einen größeren Topf umgesetzt werden, damit sie weiter gut wachsen.

4 Pflänzchen in einen größeren Topf oder ins Freiland umsetzen, sobald am unteren Ende des Ballens Wurzeln erscheinen. Nach dem letzten Frost endgültig ins Freiland setzen. Den Standort vorher durch Einarbeiten von viel Kompost vorbereiten.

Nur wenige Pflanzen sind so beeindruckend – und unkompliziert – wie Sonnenblumen. Die riesigen, leuchtenden Blüten auf hohen Stängeln bieten im Spätsommer einen großartigen Anblick.

TÖPFE ZUM BEPFLANZEN **VORBEREITEN**

Alle Töpfe, ob groß oder klein, müssen vor dem Bepflanzen auf Vordermann gebracht werden. In sauberen Gefäßen mit guter Dränage leben Pflanzen länger und sehen besser aus. Auch das Gewicht ist wichtig, schließlich sollen Sie sich nicht mit bleischweren Töpfen abmühen müssen.

Abzugslöcher Die meisten Pflanztöpfe haben bereits Löcher im Boden, aus denen überschüssiges Wasser ablaufen kann. Falls nicht, muss man sie bohren, da die Wurzeln sonst im staunassen Substrat faulen. Bohren Sie mit einem Steinbohrer mehrere Löcher in den Boden.

Aus kleinen Abzugslöchern fällt weniger Erde heraus.

Hämmern Man kann die gebohrten Löcher so lassen, wie sie sind, oder sie mit einem Hammer aufklopfen. Verwenden Sie Tontöpfe mit dickem Boden, die nicht so schnell brechen, wenn man sie mit dem Hammer bearbeitet.

AUF EINEN BLICK

- **Gefäße, in denen vorher kranke Pflanzen wuchsen,** kann man wie Babyflaschen sterilisieren.
- **Durch Auskleiden von Tontöpfen** verhindert man, dass Salze im Substrat und Wasser den Ton verfärben.
- **Man spart Geld und Substrat,** indem man bei kurzlebigen Pflanzungen den Boden der Töpfe mit Styroporstücken bedeckt.

SIEHE AUCH

- **TOPFERDE AUSWÄHLEN** >> 18/19
- **FARBENFROHE TOPFARRANGEMENTS** >> 36/37

SCHWERE TÖPFE UMSTELLEN

Große, schwere Pflanztöpfe zu bewegen kann ein hartes Stück Arbeit sein. Verwenden Sie dafür am besten eine Sackkarre – Ihr Rücken wird es Ihnen danken!

Fäulnis vermeiden Damit Wasser ablaufen kann, arrangiert man Topfscherben oder kleine Steine auf dem Boden. Auch eine Lage feiner Maschendraht mit Kies darauf verhindert, dass die Löcher verstopfen und Erde herausgeschwemmt wird.

Anstelle von Styropor kann man auch Blähton verwenden.

Gewicht sparen Mit Erde gefüllte Töpfe sind schwer – und nach dem Wässern noch schwerer. Indem man das untere Drittel mit recycelten Styroporbrocken füllt, kann man das Gewicht reduzieren. Diese Methode eignet sich vor allem für kurzlebige Pflanzen ohne lange Wurzeln.

Wiederverwendung alter Töpfe Vor dem Neueinsatz sollte man alle Töpfe gründlich säubern, ganz gleich ob sie draußen im Garten oder drinnen gelagert und einige Monate zuvor bereits gereinigt wurden. Auch in unbenutztem Material können sich Keime und Schädlinge wie Larven und Schnecken festsetzen. Schrubben Sie die Gefäße mit einer Bürste und einem Reinigungsmittel.

Töpfe ausschlagen Auf der Innenseite nicht glasierte Tontöpfe können Frostschäden bekommen. Man verhindert das, indem man Exemplare, die das ganze Jahr draußen bleiben sollen, mit dicker Folie ausschlägt. Drücken Sie die Folie dazu fest in den Topf und schneiden Sie Abzugslöcher am Boden hinein. Nach dem Befüllen mit Erde wird überschüssige Folie am Rand abgeschnitten.

FARBENFROHE **TOPFARRANGEMENTS**

Mit bepflanzten Töpfen bringt man saisonale, farbenfrohe Blütenpracht am einfachsten in seinen Garten. Wenn Sie die nachfolgenden Tipps beherzigen, haben Sie lange Freude an Ihren Arrangements.

SIE BRAUCHEN

- Topfpflanzen (z. B. Verbenen und Petunien) und Hängepflanzen, etwa Efeu
- großes Pflanzgefäß
- torffreie Erde
- Kiesmulch
- Gießkanne

SIEHE AUCH

- **DIE PASSENDE TOPFERDE AUSWÄHLEN** >> 18/19
- **TÖPFE ZUM BEPFLANZEN VORBEREITEN** >> 34/35
- **PFLANZEN AUSWÄHLEN** >> 54/57

1 Mit einer Handschaufel das Gefäß zu drei Vierteln mit Substrat füllen.

FACHBEGRIFFE, ERKLÄRT

Mulch wird in Töpfen oder Beeten um Pflanzen herum gestreut. Er kann biologisch abbaubar sein (Komposterde, Rindenschnipsel), doch gibt es auch Mulch, der nicht verrottet (Kies, Muschelschalen). Mulch verringert die Verdunstung von Bodenfeuchtigkeit und unterdrückt Unkraut.

2 Die gekauften Exemplare noch in ihren Töpfen auf dem großen Gefäß arrangieren – dabei ausprobieren, welche Kombination am besten aussieht. Anschließend die einzelnen Gewächse aus ihren Töpfen holen und in das Gefäß setzen.

3 Die Lücken zwischen den Ballen mit Erde füllen, sobald die Pflanzen in ihrer endgültigen Position stehen. Zwischen Gefäßrand und Substrat etwa 5 cm Platz lassen, um besser wässern oder noch eine Mulchschicht auftragen zu können.

Substrat nivellieren und leicht festdrücken

4 Eine 2 cm dicke Schicht Kies als Mulch auf das Substrat im Topf streuen. Sie verringert die Verdunstung von Wasser, unterdrückt Unkraut und verhindert, dass beim Wässern Erde auf die Pflanzen spritzt. Zudem unterstreicht sie die Pflanzung dekorativ.

BLUMENAMPEL **FÜR DAS FRÜHJAHR**

Saisonale Arrangements in Blumenampeln lassen sich leicht zusammenstellen. Die Palette der Stile reicht von zart und subtil bis hin zu groß und wild wuchernd. Dominierende Pflanzen kommen in die Mitte, dekorative Hängepflanzen an den Rand.

SIE BRAUCHEN

- Pflanzen (Skimmien, Alpenveilchen, Heidekräuter, Stiefmütterchen)
- Blumenampel, z. B. Hängekorb
- Korbeinsatz oder Torfmoos
- recycelte Verpackungsfolie
- breiter, niedriger Topf und kleiner Plastiktopf
- torffreies Substrat ohne Lehmanteil
- Zeitungspapier und Schere

SIEHE AUCH

- **FARBENFROHE ARRANGEMENTS** >> 36/37
- **PFLANZEN AUSWÄHLEN** >> 54/57

FACHBEGRIFFE, ERKLÄRT

Torfmoos wächst in feuchten Biotopen, etwa Torfmooren und Sümpfen. Es saugt Wasser wie ein Schwamm auf und speichert es bei Trockenheit.

Substrat ohne Lehmanteil enthält keine natürliche Erde (Lehm) und ist deshalb leichter als Substrat mit Lehmanteil. Es enthält viele Nährstoffe und speichert Wasser gut.

1 Hängekorb auf einen breiten, niedrigen Topf stellen, um bei der Bepflanzung eine stabile Unterlage zu haben. Korb mit einem vorgefertigten Korbeinsatz oder mindestens 3 cm dick mit Torfmoos ausschlagen.

2 Einen Kreis aus Plastikfolie in den Korb legen, um das Herauslaufen von Wasser zu verhindern. 5 cm über der Basis Löcher für Hängepflanzen hineinschneiden. Bis zu diesen Löchern das torf- und lehmfreie Substrat einfüllen.

Stecken Sie die Hängepflanzen durch die Schlitze, sodass ihre Wurzeln sich im Inneren des Korbs befinden.

3 Wurzelballen jeder Hängepflanze in Zeitungspapier wickeln und vorsichtig durch ein Loch einführen. Die Ballen sollten später ganz im Substrat stecken. Ballen mit Erde bedecken. Erde festdrücken.

4 Einen kleinen gebrauchten Plastiktopf neben die Korbmitte in das Substrat drücken – er dient als Wasserreservoir. Niedrige Pflanzen an den Rand des Korbs, hohe in die Mitte pflanzen. Substrat einfüllen. Zum Gießen den kleinen Plastiktopf mit Wasser füllen.

FENSTERKASTEN **FÜR DEN SCHATTEN**

Mit einem gekonnt bepflanzten Kasten bringen Sie Farbe auch auf eine Fensterbank, die wenig oder gar keine Sonne abbekommt. Der Kasten hier enthält ein sommerliches Arrangement mit Farbtönen, die in dunkleren Ecken ihre schönste Wirkung entfalten.

SIE BRAUCHEN

- schattenverträgliche Pflanzen, etwa Beifuß, Schleierkraut, Brandschopf und Fuchsie
- Pflanzkasten für Fensterbänke
- Kies
- torffreie Topferde
- organischer Langzeitdünger

SIEHE AUCH

- **FARBENFROHE ARRANGEMENTS** >> 36/37
- **BLUMENAMPEL FÜR DAS FRÜHJAHR** >> 38/39
- **PFLANZEN AUSWÄHLEN** >> 54/57

SALAT IM SCHATTEN

Blattsalate, vor allem Pflücksalate, vertragen auch schattigere Standorte. Man kann sie direkt vor dem Küchenfenster ziehen und für belegte Brote oder gemischte Salate verwenden. Pflücksalate lassen sich mehrfach abernten.

1 Bei Bedarf Löcher in den Kasten bohren, damit Wasser ablaufen kann. Den Boden mit einer dünnen Schicht Kies bedecken, Dann eine Lage Erde mit etwas Langzeitdünger einfüllen, damit die Pflanzen optimal einwachsen können.

Aufrecht wachsende Pflanzen in die mittlere und hintere Reihe des Kastens pflanzen

2 Pflanzen aus ihren Töpfen holen und auf die Erde im Kasten stellen. Die Oberseite der Ballen muss sich 2–3 cm unterhalb des Kastenrands befinden, damit man gut wässern kann.

Nicht zu viel Erde einfüllen, sonst wird sie beim Wässern herausgeschwemmt

3 Erde um die Pflanzen einfüllen und festdrücken. Fensterkasten aufstellen, erst dann gut wässern. Den Sommer über, während die Pflanzen wachsen, stets regelmäßig gießen. Welke Blüten abzwicken, um die Blütezeit zu verlängern.

ZWIEBELN
IN TÖPFE PFLANZEN

Zwiebeln lassen sich leicht pflanzen und eignen sich gut für die Topfkultur. Eine Zusammenstellung mehrerer Frühjahrszwiebelblumen liefert im Nu farbenfrohe Ergebnisse. Kombiniert man dagegen Zwiebeln mit unterschiedlichen Blühzeiten, kann man länger eine Blütenschau genießen.

SIE BRAUCHEN

- Zwiebeln, z. B. Tulpen, Narzissen, Krokusse
- hohes Pflanzgefäß
- Topf- oder Fliesenscherben
- Kies
- torffreie Blumenerde
- Gartensand

SIEHE AUCH

- **DIE PASSENDE TOPFERDE AUSWÄHLEN** >> 18/19
- **TÖPFE VORBEREITEN** >> 34/35
- **PFLANZEN AUSWÄHLEN** >> 54/57

MEHR BLÜTEN

Pflanzen Sie ein paar winterblühende Arten über die Zwiebeln im Topf. Sie blühen schon, wenn die Zwiebeln erst austreiben. Im Frühjahr übernehmen die nachrückenden Zwiebeln den Hauptpart.

1 Einen Topf mit reichlich Abzugslöchern auswählen und den Boden mit Topf- oder Fliesenscherben bedecken. Sie verhindern, dass Substrat die Löcher verstopft und Wasser nicht mehr ablaufen kann.

2 Manche Sonnenanbeter unter den Zwiebelpflanzen, z. B. Tulpen, brauchen eine gute Dränage, da sie in ihrer Ruhephase weitgehend trocken bleiben müssen und bei Nässe faulen. Daher eine Schicht Kies in den Topf geben.

Kies verhindert, dass die Zwiebeln in feuchtem Substrat sitzen.

3 Topf bis 15 cm unter den Rand mit torffreier Universalerde füllen. Bei Verwendung von torffreiem Substrat die Dränage durch Beimischen von 1 Teil Gartensand auf 3 Teilen Erde verbessern.

4 Als Faustregel gilt: Zwiebelpflanzen dreimal so tief setzen, wie sie hoch sind. Zwiebeln mit dem spitzen Ende nach oben pflanzen. Dann Topf bis auf 5 cm unter dem Rand auffüllen, um gut wässern zu können.

RABATTEN **ANLEGEN**

Blüten- und Strauchrabatten bringen Farbe, Duft und saisonale Abwechslung in einen Garten und sind damit einer seiner wesentlichen Bestandteile. Wenn Sie eine Rabatte wie hier beschrieben anlegen, zeigen sich die Pflanzen darin die ganze Saison von ihrer besten Seite.

SIE BRAUCHEN

- Halbmond-Rasenkantenstecher
- Gartenschlauch (für geschwungene Rabatten)
- Spaten und Grabgabel
- Rechen
- verrotteter Stallmist oder Kompost
- Gartensand oder feiner Kies
- Schubkarre

SIEHE AUCH

- **HOCHBEETE UND EINFASSUNGEN ANLEGEN** >> 50/53
- **PFLANZEN AUSWÄHLEN** >> 54/57
- **STRÄUCHER AUSWÄHLEN** >> 140/143

RASENRESTE

Übrig gebliebene Rasensoden (siehe 4) liefern guten Kompost, wenn das Gras abgestorben ist. Man kann die Soden aber auch in einer Gartenecke liegen lassen, Sie dienen als Nistplatz für allerlei Tiere, etwa Sandbienen.

1 Einen Platz für die Rabatte festlegen, dann ihren Umriss markieren. Geschwungene Umrisse mit einem Gartenschlauch markieren. Die Rabatte darf nicht zu schmal sein, außerdem muss ihre Form zum Garten passen.

2 Mit einem Kantenstecher oder kleinen Spaten den Umriss am Schlauch entlang stechen. Der Schnitt muss durchgehend, also ohne Unterbrechnung, verlaufen. Den Stecher bzw. Spaten dabei ganz in den Boden drücken.

3 Mit dem Spaten die Soden entfernen. Dazu handliche Sodenstücke markieren, die Spatenschaufel unter die Graswurzeln schieben und Soden heraushebeln. Nicht zu viel Erde entfernen.

4 Soden mit der Grasseite nach unten in einer Ecke stapeln. Ihre Erde ist nährstoffhaltig und sollte wiederverwendet werden. Nach einigen Monaten ist das Gras abgestorben und der Stapel kann zerkleinert, gesiebt und in die Rabatte eingearbeitet werden.

WEITER ▷

5 Freigelegten Boden mit der Grabgabel bearbeiten, dabei die Zinken auf ganzer Länge in die Erde drücken. Alte Wurzeln, große Steine und Unrat herausholen. Große Erdbrocken zerkleinern. Boden umgraben, bis er eine krümelige Struktur hat.

6 Mit dem Spaten auf der freigelegten Fläche eine 5 cm dicke Schicht organische Substanz, etwa gut verrotteten Stallmist oder Kompost, verteilen. Die organische Substanz in den Boden einarbeiten und gleichmäßig verteilen.

7 Auf schweren oder schlecht dränierten Böden eine 8 cm dicke Schicht groben Sand oder Kies verteilen und mit einem Spaten 15 cm tief in die Erde einarbeiten. So verbessert man den Wasserabzug in der Wurzelzone.

8 Evtl. noch weitere Steine, Wurzeln und Unrat von der Oberfläche harken. Dann den Boden mit dem flachen Rücken des Rechens einebnen.

Boden im Frühjahr oder Herbst bearbeiten, wenn er weder zu kalt noch zu hart oder nass ist

9 Die Pflanzen noch in ihren Töpfen aufstellen. So lange arrangieren, bis Sie mit dem Ergebnis zufrieden sind. Dabei auch ihre endgültige Größe, die Blüten- und Laubfarbe sowie ihre Hauptsaison in Betracht ziehen.

Pflanzenetiketten aufheben, damit Sie immer wissen, was Sie gepflanzt haben

Dahlien sind ausgezeichnete Gartenschönheiten und begeistern im Spätsommer in Rabatten und Töpfen mit einer lang anhaltenden Blütenpracht. Es gibt sie in erstaunlich vielen Farben und Formen. Sie eignen sich auch als Schnittblumen.

HOCHBEETE UND **EINFASSUNGEN ANLEGEN**

Ein Hochbeet ist schnell gebaut, vor allem mit passend im Baumarkt zugeschnittenem Holz. Neben einem Rasen grenzt man es mit einer Mähkante aus Ziegeln ab.

SIE BRAUCHEN

- Holzbalken, z. B. aus Weichholz oder wiederverwertetem Hartholz
- lange Wasserwaage oder kurze Wasserwaage und Latte
- Maßband
- Gummihammer und Handschaufel
- Akkuschrauber und lange, dicke Holzschrauben
- Backsteine, Schutt und Zement

SIEHE AUCH

- **RABATTEN ANLEGEN** >> 44/47
- **RASENKANTE ANLEGEN** >> 64/65

WAS PFLANZT MAN IN EIN HOCHBEET?

In Hochbeeten kann man Kräuter, Obst, Gemüse oder Blumen anbauen. Für Nutzpflanzen verwendet man am besten unbehandeltes Hartholz als Einfassung. In Gärten mit Tonböden bieten sie Pflanzflächen mit guter Dränage.

1 Grassodenstreifen entfernen, die so lang und breit wie die Holzbalken sind.

2 Balken in ihrer endgültigen Position auslegen und mit einer langen Wasserwaage – oder mit einer auf eine Latte gelegten kurzen Wasserwaage – exakt waagrecht ausrichten. Balken längs, quer und diagonal nivellieren.

Machen Sie nicht vorbehandeltes Nadelholz mit einem ungiftigen Holzschutz haltbarer.

Balken bündig verlegen

3 Den Rahmen des Hochbeets rechtwinkelig verlegen. Auch die Diagonalen müssen gleich lang sein. Um ein exaktes Rechteck zu bekommen, die Balken am besten beim Kauf zuschneiden lassen.

WEITER ▷

4 Die Balken mit einem Gummihammer aneinander ausrichten. Mit der Wasserwaage immer wieder prüfen, ob sie exakt waagrecht und senkrecht stehen.

Bei Bedarf Erde entfernen, damit die Balken exakt eben liegen

5 Durch die beiden Querbalken oben und unten Bohrlöcher für die langen Holzschrauben bis in die daran anschließenden Längsbalken bohren. Schrauben hineindrehen, sodass die Balken stabil fixiert sind und weitere Balken tragen können.

6 Den nächsten Satz Balken auf dem ersten arrangieren. Die Enden versetzt aufeinander legen, sodass der Rahmen noch stabiler wird. Vor dem Festschrauben wie unter Schritt 4 wieder mit einer Wasserwaage prüfen, ob der Rahmen exakt waagrecht liegt.

Der Boden im Hochbeet wird gründlich gejätet.

7 Um die Dränage zusätzlich zu verbessern, etwa für Mittelmeer- oder Alpinpflanzen, den Boden des Hochbeets mit Bauschutt oder Scherben bedecken. Dann garantiert unkrautfreien Oberboden in das Beet hineinsieben.

BLÜTEN- UND BLATTSCHMUCKPFLANZEN **FÜR FRÜHLINGSARRANGEMENTS**

Legen Sie ein Frühlingsarrangement für Töpfe schon im Herbst an. Die hier vorgestellten Pflanzen decken eine große Bandbreite an Formen, Größen und Farben ab. Manche, z. B. Bergenien, machen bereits im Winter mit schönem Laub auf sich aufmerksam, bevor Blüher auf den Plan treten.

BERGENIE

***Bergenia* 'Silberlicht'**

Kombinieren Sie diese immergrüne Staude in Töpfen mit Frühlingszwiebelpflanzen. Ihre großen, eiförmigen, dunkelgrünen Blätter unterstreichen die Büschel aus weißen Blüten an rot getönten Stängeln. Sie wird etwa 45 cm hoch und etwas breiter. Am wohlsten fühlt sie sich in der Sonne und im Halbschatten in feuchtem, erdhaltigem Substrat.

KROKUS

***Crocus* 'Snow Bunting'**

Setzen Sie diese Knollenpflanze (Knollen ähneln Zwiebeln) im Herbst in kleine Töpfe, um im Frühjahr den Flor genießen zu können. 'Snow Bunting' öffnet duftende weiße Blüten mit gelber Mitte und außen violett getönten Blütenblättern. Die grasartigen Blätter sind grün mit weißem Streifen. Krokusse brauchen einen sonnigen Platz in feuchtem Substrat. Höhe 7 cm.

PURPURGLÖCKCHEN

***Heuchera villosa* 'Palace Purple'**

Die immergrüne Staude trägt große, gelappte, glänzende, violette Blätter und ist damit das ganze Jahr schön anzusehen. Sie dient als Kulisse für Frühlingszwiebelpflanzen, zeigt im Sommer aber selbst kleine weiße Blüten an drahtigen Stängeln. Man pflanzt sie in erdhaltiges Substrat, stellt sie in die Sonne und wässert sie gut. Höhe bis 45 cm.

ARMENISCHE TRAUBENHYAZINTHE

Muscari armeniacum

Kombinieren Sie die Frühlingszwiebelpflanze im Herbst mit Narzissen und frühen Tulpen. Die duftenden, dunkelblauen Blüten in kegeligen Trauben stehen über grasigem Laub. Die Art bevorzugt erdhaltiges oder torffreies Substrat, sonnige bis halbschattige Plätze und durchlässige Böden, weshalb man nicht überwässern bzw. für gute Dränage sorgen sollte.

NARZISSE

***Narcissus* 'Jack Snipe'**

Stellen Sie dieser im April blühenden Zwiebelpflanze Traubenhyazinthen oder Primeln zur Seite. Sie wird etwa 25 cm hoch und öffnet cremeweiße Blüten mit kurzen, hellgelben Nebenkronen. Ihre Blätter sind schmal und dunkelgrün. Man pflanzt sie im Herbst in Gefäße mit erdhaltigem Substrat und stellt sie an einen sonnigen bis halbschattigen Platz.

SALOMONSSIEGEL

Polygonatum odoratum

Die Staude hat eiförmige bis lanzettliche, mittelgrüne Blätter an gebogenen Trieben und duftende, hängende, weiße Glockenblüten mit grüner Spitze. Setzt man sie im Herbst in Gefäße, trumpft sie im Frühjahr mit Farbe und frischgrünem Laub auf. Sie gedeiht im Halbschatten und braucht feuchtes Substrat. Im Herbst zurückschneiden. Höhe bis 60 cm.

DAMEN-TULPE

Tulipa clusiana* var. *chrysantha

Die Damen-Tulpe blüht ab April und macht in Töpfen oder Trögen mit durchlässigem, kiesigem, erdhaltigem Substrat durch ihr zartes Wesen auf sich aufmerksam. Die kleinen, becherförmigen, gelben Blüten sind außen rot getönt. Man pflanzt die Zwiebeln im Herbst, evtl. kombiniert mit blauen Hyazinthen oder Blausternen. Sie braucht viel Sonne. Höhe 30 cm.

STIEFMÜTTERCHEN

Viola x wittrockiana

Diese geschätzte, kurzlebige Pflanze trägt eiförmige Blätter und öffnet von März bis in das Frühjahr hinein Blüten in fast jedem nur erdenklichen Farbton. Daher eignet sie sich bestens als Randbepflanzung für Töpfe mit Frühlingszwiebelblumen. An einem sonnigen Platz in erdhaltigem oder torffreiem Substrat blüht sie viele Wochen lang. Höhe 20 cm.

BLÜTEN- UND BLATTSCHMUCKPFLANZEN **FÜR SOMMERARRANGEMENTS**

Wer im Sommer gern im Garten entspannt, wird an schönen Topfarrangements viel Freude haben. Beim Bepflanzen mischt man Langzeitdünger in das Substrat. Wichtig ist zudem häufiges Wässern und Abzwicken von Verblühtem. Dann bleiben die Pflanzen fast den ganzen Sommer in Hochform.

SIZILIANISCHE KAMILLE
Anthemis punctata **subsp.** ***cupaniana***
Die immergrüne, breitwüchsige Staude trägt silbrige Blätter und viele Körbchenblüten. Man kombiniert sie in erdhaltigem Substrat mit kurzlebigen, farbenfrohen Pflanzen zu gemischten Arrangements. Zwicken Sie Verblühtes konstant ab, um die Blühfreude zu erhalten. Wichtig: ein sonniger Platz. Höhe bis 30 cm.

FENCHELBLÄTTRIGER ZWEIZAHN
Bidens ferulifolia
Die Einjährige mit gefiedertem grünem Laub und sternförmigen gelben Blüten an kriechenden Trieben eignet sich im Sommer und Herbst bestens als Saumpflanze für hohe Töpfe und Blumenampeln. Man setzt sie mit Pelargonien oder Zwerg-Zinnien in torffreier Erde. Sie braucht volle Sonne und verträgt auch Wassermangel. Höhe bis 30 cm, Breite unbegrenzt.

FIEDERBLÄTTRIGES SCHMUCKKÖRBCHEN

Cosmos bipinnatus

Mit ihren großen Körbchenblüten in Rosa, Rot oder Weiß ist diese kurzlebige Pflanze ideal für Sommertöpfe. Ihr Flor wird von weichem, gefiedertem Laub schön unterstrichen. Füllen Sie die Töpfe mit torffreier Erde. Verblühtes wird immer gleich abgezwickt. Für vollsonnige Plätze. Höhe bis 1,4 m, braucht daher große Töpfe.

DAHLIE

***Dahlia* 'Gallery Art Deco'**

Diese hübsche Dahliensorte öffnet gefüllte Blüten mit hellorangen, dunkelrot gerandeten Blütenblättern, die vom Hochsommer bis zum Herbst viel Farbe zu Topfarrangements beisteuern. Man setzt sie in torffreie Universalerde. Im Winter werden die Knollen frostfrei eingelagert. Dahlien brauchen geschützte, vollsonnige Standorte. Höhe bis 50 cm.

FUNKIE

***Hosta* 'Francee'**

Die Funkiensorte 'Francee' treibt runzelige Blätter mit weißem Rand und im Sommer hellblaue Blüten aus. In Topfpflanzungen für den Halbschatten ist sie eine echte Bereicherung. Kiesmulch unterstreicht die Wirkung der Blätter und verringert die Verdunstung von Bodenfeuchtigkeit. Gut wässern und vor starkem Wind schützen. Höhe 0,5–1 m.

ECHTER HONIGSTRAUCH

Melianthus major

Mit seinen großen, gesägten, graugrünen Blättern ist der Honigstrauch eine der besten Textur- bzw. Strukturpflanzen. Man setzt ihn in ein großes Gefäß und nutzt ihn als grüne Laubkulisse für andere Pflanzen. Er mag es feucht und sonnig. Da er nicht winterhart ist, muss er bei Frost nach drinnen gebracht werden. Höhe bis 1,2 m.

PELARGONIE (»GERANIE«)

***Pelargonium* 'Lord Bute'**

Schützt man diese Staude vor Frost, wächst sie immergrün, aber in der Regel wird sie einjährig gezogen. 'Lord Bute' trägt im Sommer dunkelrote Blüten über rundlichen, behaarten Blättern. Es gibt viele weitere Pelargoniensorten, die sich alle bestens für Fensterkästen und Töpfe eignen. Man setzt sie in torffreie Universalerde. Höhe etwa 45 cm.

MEXIKANISCHER SALBEI

***Salvia patens* 'Patio Deep Blue'**

Die Lippenblüten dieses sattblauen Salbeis haben einen weit geöffneten Schlund und stehen in bis zu 60 cm hohen Ähren. Die Staude braucht volle Sonne und ist ein eleganter Teamplayer in Topfarrangements. Man stellt sie an einen geschützten Platz, wässert und düngt gut und zwickt welke Blüten immer gleich ab. Sie verträgt Temperaturen bis etwa -10 °C.

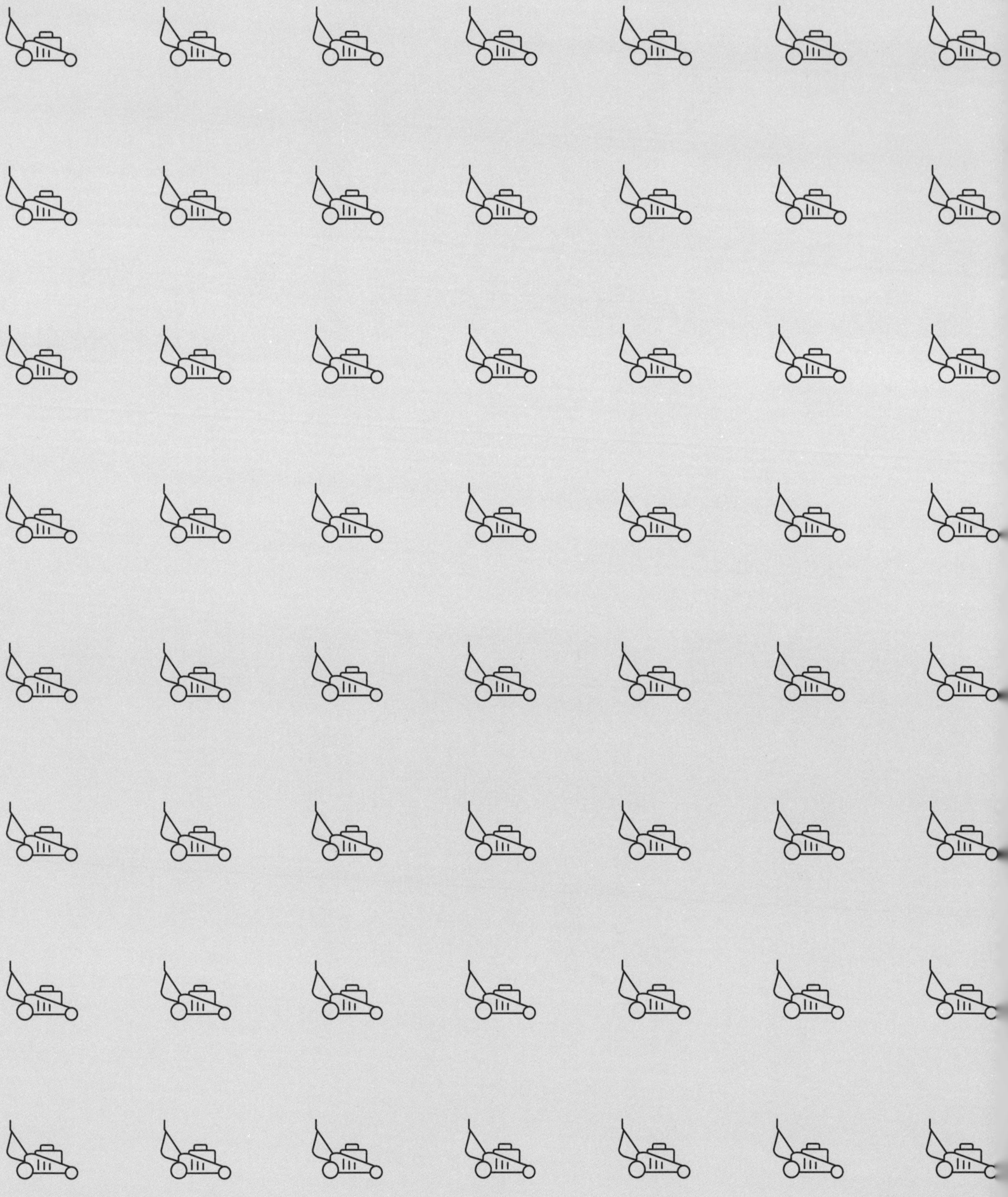

RASEN

FERTIGRASEN **VERLEGEN**

Mit Fertigrasen hat man sofort eine perfekte Rasenfläche. Verlegen Sie ihn am besten im Frühjahr oder Frühherbst an einem kühlen, aber trockenen Tag. Nicht verlegt werden sollte er im Winter und auf feuchten Böden. Fertigrasen ist zwar teurer als das Ansäen, dafür kann man schon nach ein paar Tagen das Grün betreten.

SIE BRAUCHEN

- Rollrasen – kaufen Sie eine Fläche, die groß genug für Ihren Garten ist
- Holzbrett
- Besen
- Rechen
- Rasenerde
- Gießkanne oder Gartenschlauch mit feinem Brausestück

SIEHE AUCH

- **GRAS ANSÄEN** >> 62/63
- **EINE RASENKANTE ANLEGEN** >> 64/65
- **PFLEGE DES RASENS** >> 70/73

FERTIGRASEN KAUFEN

Kaufen Sie Fertigrasen nur von renommierten Herstellern oder Gartencentern und verlegen Sie ihn am Tag der Anlieferung. Lässt man ihn liegen, kann das Gras vertrocknen und wegen Lichtmangel gelb werden.

1 Areal durch Jäten, Harken und Einebnen gut präparieren. Rasen ausrollen und anschließend mit dem Rücken eines Rechens festdrücken. Wenn möglich, die erste Rolle entlang einer geraden Kante, etwa an einem Wegrand, ausrollen.

Stellen Sie sich auf ein Holzbrett, damit der frisch verlegte Rasen nicht beschädigt wird.

2 Ränder der Bahnen dicht aneinander anlegen. Die Bahnen gut andrücken, damit sie nicht austrocknen. Stöße wie bei Ziegelmauern versetzt anordnen, da die Rasenfläche dadurch festeren Halt hat.

3 Nach dem Verlegen mit einem Besen mit steifen Borsten gute Rasenerde in evtl. Lücken kehren. Auf dem Rasen selbst darf aber keine Erde liegen bleiben.

Durch Füllen von Ritzen mit Rasenerde bekommt man eine glattere Grasfläche.

4 Zum Schluss den Rasen gut wässern. In den nächsten Tagen häufig gießen, damit die Wurzeln sich im Boden festkrallen und das Gras gut einwächst. Beim ersten Mähen nach dem Einwurzeln den Mäher auf die höchste Stufe stellen.

GRAS **ANSÄEN**

Die Aussaat ist die mit Abstand preiswerteste Methode, einen Rasen anzulegen. Man erledigt das am besten im Frühjahr oder Frühherbst. Nicht ratsam ist es im Sommer, da sehr häufig gewässert werden muss. Im Winter wiederum keimt der Samen nicht, weil es zu kalt ist.

SIE BRAUCHEN

- Grassamen
- Stäbe oder eine Schnur
- Grabgabel
- Rechen
- evtl. Streuwagen/Sämaschine
- Plastikfolie
- Gießkanne oder Gartenschlauch mit feiner Düse

SIEHE AUCH

- **FERTIGRASEN VERLEGEN** >> 60/61
- **EINE RASENKANTE ANLEGEN** >> 64/65
- **PFLEGE DES RASENS** >> 70/73

FACHBEGRIFFE, ERKLÄRT

Keimung nennt man den Beginn der Phase, in der sich aus dem Samenkorn eine neue Pflanze entwickelt. Damit Saatgut keimt, müssen je nach Art des Samens bestimmte Voraussetzungen erfüllt sein.

Dazu gehören in erster Linie die passende Temperatur und ausreichend Feuchtigkeit.

1 Die Fläche, auf der ausgesät werden soll, präparieren und mit Stäben oder Schnüren in 1 m^2 große Quadrate unterteilen. Die vom Hersteller empfohlene Saatmenge pro Quadratmeter abmessen.

Vor dem Ansäen muss der Boden gejätet, eingeebnet und geharkt werden.

2 Die abgemessene Samenmenge von Hand ausstreuen. Dabei die eine Hälfte der Samen in eine Richtung und die andere quer dazu streuen. Um optimale Ergebnisse zu erzielen, das Saatgut so gleichmäßig wie möglich verteilen.

Folie verlegen, um möglichst gerade Kanten zu bekommen

3 Die Samen vorsichtig mit der Harke in die Erde einarbeiten. Sie sollten 1–2 mm dick mit Erde bedeckt sein, es können aber auch Samen austreiben, die auf der Oberfläche liegen.

Statt mit der Hand auszusäen, kann man einen Streuwagen einsetzen. Er lohnt sich vor allem bei großen Flächen. Man muss ihn auf die eigene Gehgeschwindigkeit einstellen, damit er das Saatgut gleichmäßig in der empfohlenen Menge ausstreut.

EINE RASENKANTE **ANLEGEN**

Eine Rasenkante um eine Grasfläche herum anzulegen ist keine Pflicht. Aber sie bildet eine saubere, klare Grenze zwischen Rasen und Rabatten und macht das aufwendige Instandhalten einer natürlichen Grenze überflüssig.

SIE BRAUCHEN

- Einfassung aus Holz
- Halbmond-Rasenkantenstecher
- Schnur
- (Gummi-)Hammer
- Stück Holzabfall

SIEHE AUCH

- **HOCHBEETE UND EINFASSUNGEN ANLEGEN** >> 50/53
- **RABATTEN ANLEGEN** >> 44/47

HOLZEINFASSUNG BEHANDELN

Damit die Holzeinfassung nicht so schnell fault, kann man einen ungiftigen Holzschutz verwenden. Man behandelt sie spätestens 24 Stunden, bevor man sie im Boden versenkt.

Mähen Sie den Rasen vorher – es erleichtert Ihnen das Anlegen der Kante.

1 Eine Schnur entlang der anvisierten Kante spannen. Mit dem Rasenkantenstecher einen etwa 7 cm tiefen Spalt in den Boden stechen. Überschüssige Erde entfernen und den Spalt etwas auseinanderhebeln, damit die Einfassung leichter hineinpasst.

2 Die Holzeinfassung auf den Erdspalt stellen und mit dem Hammer leicht hineinklopfen. Zwischen Kante und Hammer ein Stück Holzabfall legen, damit die Einfassung nicht beschädigt wird.

ALTERNATIVEN

Backsteine Backsteine eignen sich ebenfalls als Einfassung. Liegen sie etwas tiefer als der Rasen, sind sie eine ideale Mähkante.

Zickzackrand Bei dieser Variante werden die Backsteine hochkant und schräg verlegt. Dabei ragen sie etwa zur Hälfte aus dem Boden.

Englischer Stil Diese Einfassung aus geformtem Stein sieht in Stadtvillengärten gut aus, sofern sie zum Stil des Hauses passt.

Eine Grasfläche zum Entspannen oder Spielen ist fester Bestandteil vieler Gärten. Ihre Form – ob geometrisch oder natürlich geschwungen – spiegelt das Gesamtdesign des Gartens wider.

ZWIEBELPFLANZEN **IN RASENFLÄCHEN**

Zwiebelpflanzen sorgen für willkommene Farbakzente in Rasenflächen. Die meisten werden im Herbst gesetzt, damit sie im Frühjahr blühen, etwa Krokusse und Blausterne. Mit ein bisschen Planung kann man aber das ganze Jahr Blütentupfer im Gras genießen.

SIE BRAUCHEN

- Zwiebel- und Knollenpflanzen, etwa Narzissen oder Anemonen
- Zwiebelpflanzer
- Rasenkantenstecher oder Spaten
- Sand oder feinen Kies
- Gartenrechen
- Gießkanne oder Wasserschlauch mit feiner Brause

SIEHE AUCH

- **FERTIGRASEN VERLEGEN** >> 60/61
- **GRAS ANSÄEN** >> 62/63
- **PFLEGE DES RASENS** >> 70/73

WANN WIRD GEMÄHT?

Mähen Sie den Rasen, wenn die Zwiebelpflanzen verblüht sind und ihr Laub braun wird. Dann haben sie genug Energie und Nährstoffe für eine neuerliche Blüte im nächsten Jahr gesammelt.

1 Zwiebeln und Knollen wahllos auf dem Rasen verstreuen und dort einpflanzen, wo sie landen. Mit einem Zwiebelpflanzer einen Erdpfropfen aus dem Boden stechen. Zwiebeln sollten zwei- bis dreimal so tief gepflanzt werden, wie sie hoch sind.

2 In schlecht durchlässigen Böden evtl. Sand oder Kies in das Loch füllen. Zwiebel mit der Wuchsspitze nach oben auf den Grund des Lochs setzen. Dann wieder Erde einfüllen und Grassode daraufsetzen.

ALTERNATIVEN

Wer keinen Zwiebelpflanzer hat, kann auch mit einem Rasenkantenstecher oder Spaten arbeiten. Damit werden vor allem viele kleine Zwiebeln, die nah beieinander wachsen sollen, schnell unter die Erde gebracht.

1 Mit einem Kantenstecher oder Spaten eine quadratische Sode aus dem Rasen schneiden, dann die Klinge waagrecht darunterschieben. Sode zurückklappen. Erde leicht lockern, bei undurchlässigen Böden Sand oder Kies einarbeiten.

Beim Zurückklappen Sode nicht zerbrechen

Die Zwiebeln wachsen durch die Sode hindurch.

2 Die Zwiebeln wie zufällig auf der nackten Erde verteilen. Mit der Wuchsspitze nach oben in die erforderliche Tiefe (meist das Zwei- bis Dreifache ihrer Höhe) setzen.

3 Nach dem Setzen der Zwiebeln die Sode zurückklappen. Darauf achten, dass die Zwiebeln vollständig bedeckt sind. Sode mit dem Rücken eines Rechens so festdrücken, dass sie auf derselben Höhe ist wie die restliche Rasenfläche. Gut wässern.

PFLEGE DES **RASENS**

Die meisten Rasenflächen brauchen außer regelmäßigem Mähen wenig Pflege. Damit sie aber in Topzustand bleiben, sind noch einige zusätzliche Arbeiten wie Düngen und Vertikutieren notwendig. Sie sorgen für üppiges, gesundes Gras.

AUF EINEN BLICK

- **Im Frühjahr** beginnt das Gras zu wachsen. Es wird nun gedüngt und leicht vertikutiert, gemäht aber nur mit großer Schnitthöhe.
- **Im Sommer** lässt man das Gras für die Tierwelt wachsen. Ansonsten sollte regelmäßig gemäht werden.
- **Herbstliche Pflege** bringt den Rasen durch den Winter. Zu empfehlen sind Topdressing, Vertikutieren und Belüften.

SIEHE AUCH

- **FERTIGRASEN VERLEGEN** >> 60/61
- **GRAS ANSÄEN** >> 62/63
- **KOMPOSTERDE HERSTELLEN** >> 234/235

WÄSSERN MIT KÖPFCHEN

Ein gut eingewachsener Rasen muss nicht gewässert werden. Bei Trockenheit macht es gar nichts aus, wenn er braun wird, denn eine Fläche, die gut in Schuss gehalten wurde, erholt sich rasch wieder, sobald es regnet.

Düngen Die meisten Rasenflächen müssen nicht gedüngt werden, aber ein gelegentlicher organischer Dünger im Frühjahr frischt sie farblich auf und gibt ihnen neue Energie. Im Sommer ist Düngen unnötig. Im Herbst kann man einen stickstoffarmen organischen Dünger geben, wenn der Rasen müde wirkt Möglich ist auch ein Düngen vor der Aussaat (Bild). Stickstoff fördert rasches Blattwachstum, Phosphor Wurzelwachstum. Halten Sie sich an die Dosierempfehlungen.

Wässern Ein neu angelegter Rasen braucht Wasser. Im Frühjahr oder Herbst reicht normalerweise, was vom Himmel kommt, aber bei Trockenheit muss gewässert werden. Sprinkler eigen sich für größere Flächen, sollten aber mit Zeitschaltern geregelt werden, um Wasser zu sparen und nicht zu viel zu gießen. Wer nur ein kleines Rasenstück hat, für den tut es auch ein Gartenschlauch mit Spritzdüse. Wässern Sie morgens oder abends, um die Verdunstung zu senken.

Jäten Ein paar Unkräuter im Rasen schaden nicht. Lässt man sie blühen, sind sie oft eine wichtige Nahrungsquelle für Insekten wie Bienen und Schmetterlinge. Nimmt Unkraut überhand, entfernt man es mit einem Unkrautstecher (Bild).

Mähen Regelmäßiges Mähen fördert gesunden neuen Wuchs und ein kräftiges Wurzelsystem. Nicht gemäht werden sollte der Tier- und Pflanzenwelt zuliebe im Frühsommer. Bei Sichelmähern kann man die Schnitthöhe einstellen, Spindelmäher eignen sich für kurz geschnittenen Rasen. Es gibt Benzin-, Elektro- und Handmäher. Manche sammeln den Grasschnitt ein.

WEITER ▷

Vertikutieren Mit einem Laubbesen kratzt man Schnittgutreste (»Filz«) aus dem Rasen, die irgendwann das Gras ersticken können. Bei größeren Flächen ist ein Motorvertikutierer ratsam. Vertikutieren Sie im Frühjahr nur leicht, im Herbst dagegen wesentlich kräftiger. Dabei bearbeitet man die Fläche zuerst in einer Richtung, dann im 90-Grad-Winkel dazu. Der Rasen wirkt danach dünner, doch Licht und Luft kommen besser an das Gras. Der Filz wird kompostiert.

Belüften Im Frühjahr und Herbst lockert man verdichtete Stellen durch Belüften des Rasens. Stechen Sie alle 10 cm mit der Grabgabel 8–10 cm tief in die Grasnarbe und ziehen Sie die Gabel leicht nach vorn und hinten, um die Löcher zu vergrößern.

Durch ein Topdressing (siehe rechts oben) füllt man die beim Belüften entstandenen Löcher wieder.

Verteilen Sie die Rasenerde gleichmäßig.

Kehren Sie die Rasenerde ein, damit sie das Gras nicht erstickt.

Bürsten Sie über die Grasfläche.

Topdressing Diese Pflegemethode verbessert die Bodenqualität, nivelliert Hügel und Mulden und füllt die Löcher, die bei der Belüftung entstanden sind. Es gibt fertige Rasenerde zu kaufen, doch kann man sie auch selbst aus Sand, Lehm und organischer Substanz im Verhältnis 3:3:1 mischen. Die Rasenerde wird gleichmäßig über die Fläche verteilt und mit einem Besen in die Belüftungslöcher gekehrt. Ideal ist ein jährliches Topdressing im Herbst.

Schadhafte Stellen ersetzen Ist nur ein kleiner Bereich beschädigt, kann man ein rechteckiges Stück mit dem Spaten herausschneiden und die frei werdende Erde umgraben. Dann wird ein gleich großes Stück Grassode daraufgelegt und mit dem Rücken eines Rechens festgedrückt. Zum Schluss ist gutes Wässern wichtig.

Blätter harken Harken Sie Herbstlaub mit einem Laubbesen zu einem Haufen. Lässt man es liegen, macht es den Rasen kaputt, da es ihm das Licht nimmt. Die zusammengeharkten Blätter schreddert man mit einem Rasenmäher und wirft sie auf den Komposthaufen oder lässt sie in einer Gartenecke zu Laubhumus verrotten.

KLETTER-PFLANZEN

KLETTERPFLANZEN **SETZEN**

Kletterpflanzen leisten besonders in Kleingärten gute Dienste, da sie dem Ganzen Höhe geben und Abwechslung ins Spiel bringen, ohne viel wertvollen Platz wegzunehmen. Zudem kaschieren sie unansehnliche Wände und Begrenzungen. Viele Kletterpflanzen tragen schöne Blätter und Blüten.

SIE BRAUCHEN

- Kletterpflanzen wie Clematis, Wisterien, Geißblatt oder Jasmin
- Gartenerde und Rindenmulch
- Stäbe
- Schnur
- Spaten
- Handschaufel
- Gießkanne

SIEHE AUCH

- **EINE KLETTERSÄULE BAUEN** >> 82/83
- **KLETTERPFLANZEN AUSWÄHLEN** >> 104/107

ÖSENSCHRAUBEN

Die einfachste und zugleich am wenigsten sichtbare Kletterhilfe sind zwischen Ösenschrauben gespannte Drähte an Wänden und Zäunen. Die Kletterpflanzen halten sich an diesen Drähten fest und verdecken sie.

1 In 30–40 cm Abstand zur Begrenzung ein Pflanzloch mit dem doppelten Ballendurchmesser der Pflanze graben. Damit die Triebe Halt und Führung haben, mehrere Stäbe fächerförmig und zur Begrenzung geneigt in die Erde drücken.

2 Pflanze gut wässern. Aus dem Topf ziehen und alle Stützen entfernen. Ballen so in das Pflanzloch stellen, dass die Pflanze zur Begrenzung hin geneigt steht. Triebe, die aus der Basis wachsen, entwirren (hier ein Geißblatt).

Das Loch sollte gerade so tief sein, dass der Wurzelballen hineinpasst.

3 Den Aushub wieder zusammen mit etwas organischer Substanz, z. B. Kompost, in das Pflanzloch zurückfüllen. Dabei die Erde immer wieder festdrücken. Um den Ansatz der Pflanze sollte eine leichte Mulde sein – so lässt sie sich besser wässern.

Die Triebe sollten nicht zu sehr ineinander verschlungen sein.

4 Die Triebe, die an den Stäben entlangwachsen sollen, auswählen und einzeln oder zu zweit mit Schnur an die Stäbe binden. Rindenmulch oder eine andere organische Substanz um die Pflanze auf der Erde verteilen.

KLETTERPFLANZEN **EINTOPFEN**

Kletterpflanzen eignen sich gut für die Topfkultur. Sie brauchen lediglich Zeit zum Einwachsen und eine gute Stütze. Auch die Kletterhilfe hat einen dekorativen Wert: Ist sie besonders elegant oder schön anzusehen, bereichert sie die Pflanzung zusätzlich.

SIE BRAUCHEN

- großes Pflanzgefäß
- Klettergerüst aus Holz
- Kletterpflanze, z. B. Kletterrose
- erdhaltiges Substrat, torffrei
- Schnur
- Kies
- Gartenschlauch oder Gießkanne mit feiner Brause

SIEHE AUCH

- **EINE KLETTERSÄULE BAUEN** >> 82/83
- **KLETTERPFLANZEN AUSWÄHLEN** >> 104/107

FACHBEGRIFFE, ERKLÄRT

Eine Kletterhilfe ist eine einfache, flache Struktur. Sie setzt sich aus vertikalen und horizontalen Streben zusammen, die meist aus Holz oder Metall bestehen. Klettergerüste können schlicht oder sehr dekorativ sein.

Man bastelt Kletterhilfen selbst oder besorgt sie sich im Fachhandel.

Die Kletterhilfe muss im Topf noch genügend Platz für die Wurzeln der Pflanze lassen.

1 Eine Lage erdhaltiges Substrat in den Topf geben und das Klettergerüst so daraufstellen, dass es an der Wand des Topfs anliegt (siehe Bild).

3 Erde um den Ballen einfüllen und leicht festdrücken. Zwischen Topfrand und Erde sollten noch 5 cm Abstand bleiben. Dann die Triebe auffächern und mit einer weichen Gartenschnur einzeln an die Stütze binden.

2 Eine weitere Lage Substrat einfüllen. Die Pflanze in ihrem alten Topf daraufstellen und gegebenenfalls justieren; sie sollte später genauso hoch wie zuvor im alten Topf stehen. Aus dem Topf herausnehmen und zum Gerüst geneigt in den neuen Topf stellen.

4 Eine Schicht Kies oder Steine um die Pflanze herum auf dem Substrat verteilen – als Dekor und um die Wurzeln feucht zu halten. Dann die Kletterpflanze mit einem Schlauch oder einer Gießkanne mit feiner Brause gut anwässern.

EINEN OBELISKEN **BEGRÜNEN**

Ein Obelisk als Kletterhilfe gibt einem Garten im Nu Höhe und Struktur. Er rückt die Kletterpflanze in ein besonderes Licht. Gut platziert ist er beispielsweise in einem überwiegend mit niedrigen bis mittelhohen Pflanzen besetzten Beet.

SIE BRAUCHEN

- Stangengerüst in Obeliskform
- Kletterpflanze, z. B. Kletterrose
- Gartenkompost
- Schnur und Gießkanne
- niedrige Pflanzen als Begleiter, etwa Storchschnabel (optional)

SIEHE AUCH

- **KLETTERPFLANZEN SETZEN** >> 76/77
- **KLETTERPFLANZEN EINTOPFEN** >> 78/79
- **KLETTERPFLANZEN AUSWÄHLEN** >> 104/107

SCHNUR IN ACHTERFORM

Viele Kletterpflanzen müssen an ihre Stütze angebunden werden. Dazu schlingt man eine weiche Schnur in Achterform um Trieb und Kletterhilfe. So verhindert man, dass Triebe verletzt werden.

Vor dem Bepflanzen das Beet gut jäten.

1 Den Obelisken auf die nackte Erde stellen und fest in den Boden drücken. In der Ecke eines Beets ist er ein auffälliges, spannungsreiches Element, weiter hinten platziert gibt er einer Pflanzung Höhe.

2 Neben dem Obelisken ein Loch graben, das etwas größer ist als der Ballen der Pflanze. Den Boden des Lochs mit etwas Kompost bedecken, dann die Pflanze zum Obelisken geneigt hineinstellen. Erde einfüllen und festdrücken. Gut wässern.

Ideal sind Pflanzen, die Halbschatten vertragen.

3 Die Triebe der Kletterpflanze auseinanderfächern und locker an den Obelisken binden. Die meisten Kletterpflanzen halten sich irgendwann selbst fest. Anfangs darauf achten, dass keine Triebe in unerwünschte Richtungen wachsen.

4 Damit der Obelisk nicht zu dominant wirkt, weitere Pflanzen um ihn herum setzen. Sommerblumen, die in der Saison lange blühen und dann absterben, können mit mehrjährigen Arten kombiniert werden, die zwar nur kurz, aber dafür jedes Jahr blühen.

EINE KLETTERSÄULE **BAUEN**

Manche Leitpflanzen kultiviert man am besten in Töpfen. Darin lassen sie sich optimal pflegen und nach Belieben dort platzieren, wo sie möglichst gut zur Geltung kommen. Diese Purpur-Prunkwinde (*Ipomoea purpurea*) treibt im Frühjahr rasch aus Samen aus.

SIE BRAUCHEN

- 8-10 Sämlinge der Purpur-Prunkwinde
- 8-10 Stäbe, Ruten oder Zweige, etwa von Forsythien
- Juteschnur oder Bast
- kleine Handschaufel oder Esslöffel
- torffreie Universalerde
- Gießkanne

SIEHE AUCH

- **KLETTERPFLANZEN EINTOPFEN** >> 78/79
- **EINEN OBELISKEN BEGRÜNEN** >> 80/81
- **KLETTERPFLANZEN AUSWÄHLEN** >> 104/107

Lange, stabile Ruten für ein Stangengerüst

1 Alte, trockene, feste Zweige (hier Ruten einer geschnittenen Forsythie) am Rand eines Pflanzgefäß in das Substrat drücken. Das Gerüst muss nicht sonderlich gut aussehen, da es sowieso bald von der Kletterpflanze überwuchert wird.

VIEL LICHT

Prunkwinden gibt es in vielerlei Farben, so auch in sattem Violett, wie die hier gezeigte Sorte. Die Pflanzen mögen Sonne, doch sollte sie nicht zu intensiv sein. Ideal ist ein Platz mit Nachmittags- und Abendsonne.

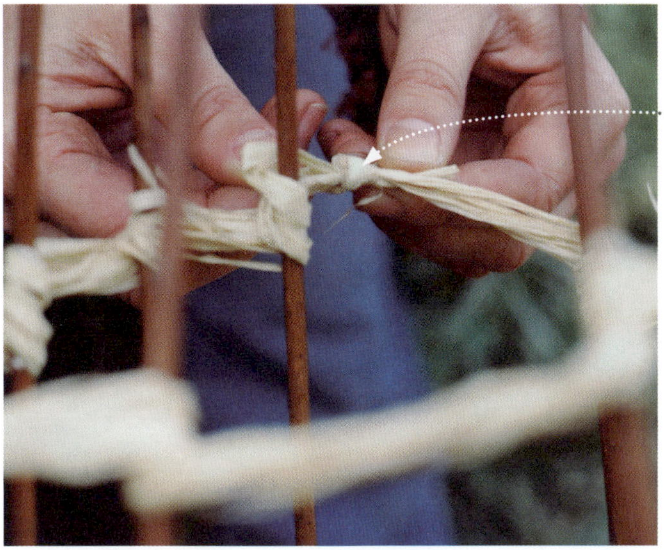

2 Das obere Ende zusammenbinden. Etwa auf halber Höhe Bast oder eine Schnur um das Gerüst binden, damit es stabiler wird. Nach dem Pflanzen der Winden an weiteren Stellen Schnüre um die Ruten binden, um den Trieben Halt zu geben.

3 Neben jede Rute mit der Schaufel oder einem Löffel ein Pflanzloch ausheben. Sämlinge vorsichtig aus dem Topf holen und trennen; dabei an den Blättern und nicht den empfindlichen Trieben halten. Jeden Sämling in ein Loch pflanzen.

4 Erde um die Sämlinge festdrücken, dann alles gut wässern. Evtl. die Triebe mit kurzen, dünnen Zweigen an die Ruten des Gerüsts führen, damit sie nicht in die falsche Richtung wachsen.

EINE EFEUKUGEL **GESTALTEN**

Mit Efeu und einem gekauften Rahmen kann man seinen Garten um eine einfache Formpflanze bereichern. Hier wurde mit wenigen Handgriffen ein Efeu-»Hochstamm« konstruiert.

1 Zwei halbkugelförmige Hängekörbe mit Blumendraht zu einer Kugel zusammenbinden. Die Kugel mit einem Nagel an einen stabilen Holzstock hängen und zum Schluss mit Draht fixieren.

SIE BRAUCHEN

- 3 Efeupflanzen
- 2 Hängekörbe
- plastikbeschichteter Blumendraht
- Holzstock, 1,2 m lang
- 2 kurze Holzlatten
- Hammer und Nägel
- großes Pflanzgefäß
- Tonscherben oder Steinchen
- torffreie Universalerde, Schnur

SIEHE AUCH

- **EINE KLETTERSÄULE BAUEN** >> 82/83

FORMPFLANZEN

Kaufen Sie im Gartencenter oder online mehrere Formschnittgestelle – geometrische Formen oder Tiergestalten. Sie können sich die Drahtgerüste aber auch selbst basteln.

2 Den Stock mitsamt der daran befestigten Kugel in ein Pflanzgefäß stellen und mit Draht an zwei knapp unter dem Rand kreuzförmig verkeilte Holzstücke binden. Der Stock muss exakt senkrecht stehen.

Zwei Holzstücke kreuzförmig zusammennageln und als Halterung für den Stock in den Topf klemmen.

3 Eine Lage Tonscherben oder Steinchen auf den Boden des Pflanzgefäßes legen. Gefäß mit torffreiem Substrat füllen. Drei Efeupflanzen um den Stock herum einpflanzen und gut wässern.

4 Die Efeutriebe mit einer Schnur an den Stock binden. Sobald die Triebe die Kugel erreichen, so in das Gerüst flechten, dass sie die Oberfläche bedecken. Fertige Efeukugel regelmäßig stutzen, damit sie ihre Form bewahrt.

Clematis eignen sich vorzüglich zum Kaschieren nicht allzu ansehnlicher Elemente wie nüchterne Zäune, Wände oder Schuppen. Sie geben einem Garten zudem Höhe und Farbe.

EINEN ROSENBOGEN **BAUEN**

Ein Bogen ist das ideale Rankgerüst für Kletterrosen. Man kann daran aber weitere Kletterpflanzen hochziehen, damit das Ganze vielfältiger und lebhafter wird, mehrere Düfte sich vermischen und ein noch attraktiverer Blickfang entsteht.

SIE BRAUCHEN

- Kletterrose und einen Bausatz für einen Bogen
- Bandmaß und Wasserwaage
- Holzschrauben, verzinkt
- Bohrschrauber
- Spaten und Grabgabel
- Landschaftsbaubeton und Zuschlagstoff, z. B. Schotter
- torffreie Universalerde
- Gießkanne

SIEHE AUCH

- **EINEN ROSENBOGEN SCHNEIDEN** >> 92/93
- **EINE WURZELNACKTE ROSE PFLANZEN** >> 116/117

FACHBEGRIFFE, ERKLÄRT

Zuschlagstoffe sind zerkleinerte Gesteine wie Schotter. Sie sind sehr beständig und werden daher gern für Fundamente eingesetzt.

Landschaftsbau- bzw. Gartenbeton ist eine vorgefertigte Betonmischung, die sich besonders zum Einsetzen von Pfosten, Randsteinen usw. eignet.

1 Die einzelnen Stücke des Bausatzes auf den Boden legen. Die fünf kurzen Querbalken auf die beiden Längsbalken stecken. Mit dem Maßband prüfen, ob sie alle die gleichen Abstände zueinander haben, und ggf. justieren.

2 Die einzelnen Elemente des Bogens mit dem Bohrschrauber zusammenschrauben. Ideal sind verzinkte Schrauben, da sie nicht rosten und der Rosenbogen dadurch viele Jahre lang hält.

Vor dem Schrauben evtl. Löcher vorbohren, damit das Holz nicht splittert

Schotter gibt es im Baustoffhandel zu kaufen.

3 Den Bogen an seinen endgültigen Standort stellen. Am besten macht man das zu zweit. Die Stellen, an denen die vier Beine der aufrechten Elemente stehen, markieren. Mit dem Spaten dort vier 45 cm tiefe und etwa 30 cm breite Löcher graben.

4 Schotter in jedes Loch kippen, damit die vier Beine ein festes Fundament haben – eine etwa 5 cm dicke Schicht genügt. Mit einem Stück Holz einebnen und festklopfen.

WEITER ▷

5 Den fertig zusammengebauten Bogen mit einem Helfer aufrichten. Beine in die Löcher stellen. Jedes Bein muss fest auf dem Schotter stehen. Ggf. Schotter entfernen oder hinzufügen, bis der Bogen gerade und fest steht.

6 Mit der Wasserwaage prüfen, ob alle Elemente gut ausgerichtet sind und exakt senkrecht bzw. waagrecht stehen. Ggf. den Bogen vorsichtig nivellieren, bis Sie mit der Position zufrieden sind.

7 Noch etwas Schotter in jedes Loch füllen, dann einen viertel Sack Betonmischung hineingeben – sie muss das Loch komplett ausfüllen. Mischung ggf. mit einem Stück Holz oder der Hand (Handschuhe tragen!) so verteilen, dass die Beine darin eingeschlossen sind.

8 Langsam Wasser in die Löcher gießen, bis die Betonmischung komplett durchweicht ist. Ggf. muss mehrmals nachgefüllt werden. Dann setzen lassen und warten, bis die Mischung ausgehärtet ist.

Bogen an einem trockenen Tag einbetonieren, damit das Fundament härten kann.

9 Nach dem Aushärten des Fundaments ein paar Rosen pflanzen. Etwa 30 cm vom äußeren Rand eines Beins entfernt ein Loch graben. Die Rose in ihrem Topf hineinstellen und mit einem Stock die Pflanztiefe prüfen.

Nach dem Füllen des Lochs Boden festtreten

10 Unter den Aushub etwas torffreie Universalerde mischen. Rose aus dem Topf holen und im 45-Grad-Winkel zum Bogen in das Loch stellen. Die Veredelungsstelle am Stamm sollte 2–3 cm tief in der Erde sitzen.

11 Loch mit der Mischung aus Aushub und Universalerde auffüllen. Die Mischung muss durchweg feinkrümelig und klumpenfrei sein, denn um die Wurzeln dürfen keine Lufteinschlüsse bleiben. Gut wässern. Zum Schluss mit Stallmist mulchen.

EINEN ROSENBOGEN **SCHNEIDEN**

Damit ein Rosenbogen immer gut aussieht, muss die Rose jedes Frühjahr vor dem Austrieb gestutzt werden, sonst wird sie zu dicht und versperrt irgendwann den Durchgang. Kletterrosen vertragen einen Schnitt gut und blühen im folgenden Sommer üppig. Tragen Sie beim Schneiden Handschuhe.

SIE BRAUCHEN

- Gartenschere
- Astschere oder -säge
- Heftklammern und Hammer
- Pflanzenbinder oder Schnur
- dicke Gartenhandschuhe
- dicke, langärmelige Kleidung

SIEHE AUCH

- **EINEN ROSENBOGEN BAUEN** >> 88/91
- **ROSEN AN EINER WAND SCHNEIDEN** >> 94/95
- **EINE WURZELNACKTE ROSE PFLANZEN** >> 116/117

1 Zunächst im Frühjahr vor dem Austrieb abgestorbene, kranke und überkreuzte Triebe entfernen und nur die gesündesten und kräftigsten stehen lassen. Dann die Kletterrose in die gewünschte Form bringen.

Ungesunde Triebe schälen sich, haben Risse oder sind von Pilzen befallen.

WEG MIT ALTEM HOLZ

Alte Triebe größerer Rosenstöcke bilden oft keine neuen Triebe mehr und blühen kaum noch. Wenn man einen Teil dieses dicken, alten Holzes entfernt, bekommt frischer Wuchs wieder eine Chance.

2 Alle Triebe, die noch gut geblüht haben, mit einer scharfen Gartenschere um etwa zwei Drittel bis auf eine kräftige, gesunde Knospe zurückschneiden. Den Schnitt schräg ansetzen, damit Regenwasser von der Knospe weg ablaufen kann.

Vorsicht vor den tückischen Stacheln – tragen Sie am besten langärmelige Kleidung.

3 Alte, schwache Triebe alter Kletterrosen mit einer Astschere oder, um einen sauberen Schnitt zu bekommen, einer Astsäge bis zum Ansatz zurückschneiden. Das regt die Rose zur Bildung neuer Triebe an.

4 Geschnittene neue Triebe an Krampen befestigen, die in den Bogen gehämmert wurden. Dazu justierbare Pflanzenbinder (Bild) oder eine in Achterform um Trieb und Klammer gewundene Schnur verwenden.

ROSEN AN EINER WAND **SCHNEIDEN**

Kletterrosen wuchern unkontrolliert, wenn man sie nicht regelmäßig schneidet. Es lohnt sich, jedes Jahr unerwünschte Triebe zu entfernen und das verbliebene Astwerk der Rose an seine Stütze zu binden.

SIE BRAUCHEN

- Gartenschere, Astsäge, Schnur
- gut verrotteter Stallmist oder Gartenkompost
- dicke Gartenhandschuhe
- feste, langärmelige Kleidung
- Leiter

SIEHE AUCH

- **EINEN ROSENBOGEN SCHNEIDEN** >> 92/93
- **KLETTERPFLANZEN AUSWÄHLEN** >> 104/107
- **EINE WURZELNACKTE ROSE PFLANZEN** >> 116/117

BLÜHDAUER VERLÄNGERN

Um die Blütezeit einer Kletterrose zu verlängern, zwickt man alle welkenden Blüten mit der Gartenschere ab. Das regt die Pflanze zur Bildung von frischem Flor an.

1 Vor dem Ansetzen der Schere die Rose von Weitem betrachten und sich überlegen, wie sie nach dem Schnitt aussehen soll. So erkennt man, welche Triebe zu entfernen sind.

Triebe, die zurückgeschnitten werden müssen, markiert man mit einer Schnur.

2 Öfterblühende Kletterrosen schneidet man im Frühjahr, einmalblühende nach der Blüte. Man entfernt abgestorbene, kranke und aneinander reibende Triebe und schneidet zu große Triebe zurück – sehr dicke mit einer Astschere.

3 Die verbliebenen Seitentriebe um bis zu zwei Drittel auf 2–3 gesunde Knospen zurückschneiden. Den Schnitt immer knapp über einer nach außen zeigenden Knospe ansetzen, damit die neuen Triebe nicht zur Wand hin wachsen.

4 Die Haupttriebe zu den waagrecht gespannten Drähten hinbiegen und mit Schnur anbinden. Evtl. müssen sie während des Anbindens gut festgehalten werden, damit sie keine anderen Triebe überkreuzen.

5 Nach dem Schnitt sollte ein offenes Gerüst entstanden sein. Hier überkreuzt ein Trieb andere, um eine Lücke zu füllen, er reibt aber nicht an seinen Nachbarn. Wurzelraum mit gut verrottetem Stallmist mulchen.

Kletterrosen sind vielseitige Gartenelemente. Sie lassen sich an Wänden, Begrenzungen oder Bögen hochziehen und blühen üppig. Ihr betörender Duft macht den Garten im Sommer doppelt schön.

BLAUREGEN **SCHNEIDEN**

Es gibt wenig Schöneres als einen stattlichen Blauregen in voller Blüte. Allerdings können Wisterien, wie man sie auch nennt, sehr groß werden. Im Sommer schneidet man sie, um ihre langen, dünnen Triebe zu entfernen, im Frühjahr, um sie zu verkleinern und die Blüte für das nächste Jahr anzuregen.

SIE BRAUCHEN

- Gartenschere
- Schnur
- Gartenhandschuhe

SIEHE AUCH

- **EINEN ROSENBOGEN SCHNEIDEN** >> 92/93
- **ROSEN AN EINER WAND SCHNEIDEN** >> 94/95
- **WIE UND WANN SCHNEIDEN** >> 236/237

KRÄFTIGER SCHNITT

Schneiden Sie Triebe stark, die an senkrechten Stützen wachsen. Das regt sie zur Bildung neuer Blüten an. Bei einem kräftigen Rückschnitt kürzt man alte Triebe ordentlich. Damit verjüngt man die Pflanze für das Frühjahr.

Ein Auslichten lässt mehr Licht und Luft an frische Triebe.

1 Lässt man eine Wisterie ungehindert wachsen, entstehen lange, dünne Triebe, die im Sommer ein wirres Gestrüpp bilden. Die Pflanze blüht besser, wenn man sie schneidet und flach an einer Wand oder Begrenzung zieht.

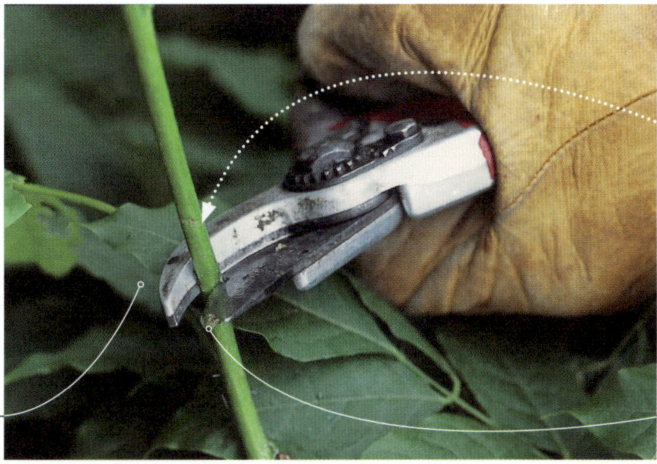

Übereilen Sie nichts. Lassen Sie sich Zeit, um die beste Stelle für das Ansetzen der Schere zu finden.

Der Schnitt sollte schräg angesetzt werden und in derselben Richtung wie die Knospe verlaufen.

2 Im Spätsommer etwa zwei Monate nach der Blüte die diesjährigen Triebe bis auf 15 cm über einem Hauptstamm zurückschneiden. Es sollen nicht mehr als sechs Blätter verbleiben. Vorsicht: nicht die frischen Knospen verletzen.

3 Im Frühjahr die im letzten Sommer geschnittenen Triebe auf 8–10 cm einkürzen und nur 2–3 Knospen stehen lassen. Das regt die Pflanze zur Bildung von Seitentrieben an, die im folgenden Sommer die Blüten tragen.

4 Wichtig ist ein Gesamtschnitt der Pflanze zu einem Gerüst aus gekürzten Trieben. Die Triebe müssen gut an die Stütze gebunden werden, damit sie nicht brechen oder vom Wind beschädigt werden.

EFEU
SCHNEIDEN

Efeu ist eine vielseitige Kletterpflanze, die in der Sonne und im Schatten gleichermaßen gedeiht und sich an fast jeder Stütze bzw. Fläche festhält. Im späten Frühjahr oder Frühsommer wird sie geschnitten, um eine zu starke Ausbreitung zu verhindern.

SIE BRAUCHEN

- Gartenschere
- Staubmaske
- Gartenhandschuhe
- Sack für Gartenabfälle

SIEHE AUCH

- **EINE EFEUKUGEL GESTALTEN** >> 84/85
- **STRÄUCHER LEICHT SCHNEIDEN** >> 120/121
- **WIE UND WANN SCHNEIDEN** >> 236/237

NEKTARQUELLE IM HERBST

Ab dem Spätsommer sollte Efeu nach Möglichkeit nicht geschnitten werden, da er in dieser Zeit blüht und eine späte Nektarquelle für Bienen und andere Bestäuber ist.

Efeu kann anderen Pflanzen Licht wegnehmen, wenn er an Mauern, Zäunen und Bäumen hochklettert.

1 Ziel eines Schnitts ist es hier, die Pflanze in ihrem Ausbreitungsdrang zu bremsen und sie vom Baum fernzuhalten. In Efeu kann sich viel Staub und Schmutz sammeln, weshalb man beim Schneiden eine Staubmaske tragen sollte.

2 Efeutriebe von oben beginnend vom Bretterzaun abziehen. Sobald der Efeu auf die gewünschte Größe reduziert ist, die gelösten Triebe mit der Gartenschere abschneiden. Efeu auch von Baumstämmen und anderen Pflanzen entfernen.

3 Efeu von Wänden und Regenrinnen entfernen. Zieht man die Triebe weg, bleiben die Haftwurzeln meist kleben. Will man sie ebenfalls entfernen, müssen sie mit einer harten Bürste weggekratzt werden.

4 Hier hat man die oberen 50 cm des Paneelzauns vom Efeu befreit, damit sich die Pflanze wieder ausbreiten kann. Zudem wurde der Efeu vom Baumstamm entfernt. Der Gartenbereich wirkt nun aufgeräumter und heller.

PFLANZEN DURCH **ABSENKEN VERMEHREN**

Das Absenken ist eine einfache Methode der Pflanzenvermehrung und funktioniert bei vielen Kletterpflanzen. Sie besteht darin, dass ein niedriger Trieb am Boden fixiert wird, bis er Wurzeln schlägt.

SIE BRAUCHEN

- Kletterpflanze, z. B. eine Fingerblättrige Akebe, Blaue Passionsblume oder Rostrote Weinrebe
- 10-cm-Topf
- torffreie Universalerde
- scharfes, sauberes Messer
- evtl. Bewurzelungspulver
- Stück Draht
- Stab und Schnur

SIEHE AUCH

- **KRÄUTER AUS STECKLINGEN** >> 210/213

MEHRFACH ABSENKEN

Mit dieser Methode können Sie auch mehr als eine Pflanze pro Trieb gewinnen. Man schneidet einfach mehrfach zwischen die Blattansätze, streut Bewurzelungspulver darauf und klammert jede Schnittstelle am Boden fest.

1 Im Frühjahr einen 10 cm breiten Topf neben der Pflanze, die vermehrt werden soll, bis fast zum Rand im Boden versenken. Topf mit frischer, torffreier Universalerde füllen. Erde leicht festdrücken.

2 Einen gesunden Trieb im unteren Teil der Pflanze auswählen und zum Topf biegen. Den Trieb mit einem scharfen, sauberen Messer zwischen zwei Blättern an der Unterseite minimal anschneiden.

Der Einsatz von Bewurzelungspulver ist nicht unbedingt notwendig, erhöht aber die Erfolgschancen.

Trieb locker anbinden, damit er nicht eingeschnürt wird

3 Den Schnitt in Bewurzelungspulver tauchen, um die Wurzelbildung zu beschleunigen. Leicht mit den Fingern auf den Trieb klopfen, um überschüssiges Pulver zu entfernen. Danach Hände waschen.

4 Ein kurzes Drahtstück zu einem »U« biegen und den Trieb an der Schnittstelle damit so im Substrat festklammern, dass der Schnitt sich knapp unter der Erde befindet. Ggf. etwas Erde daraufhäufeln.

5 Das Ende des Triebs neben dem Topf an einen Stab binden. Bis zum Herbst sollten sich Wurzeln gebildet haben. Dann den Absenker gleich hinter der Mutterpflanze und den alten Trieb am Absenker knapp über der Wurzel abschneiden.

KLETTERPFLANZEN **FÜR DAS FRÜHJAHR**

Kletterpflanzen begrünen Mauern, Begrenzungen und Obelisken. Die hier porträtierten Arten entfalten besonders im Frühjahr ihre schönste Wirkung. Mit ihren farbenfrohen Blüten und dekorativen Blättern werten sie vertikale Flächen auf, während der restliche Garten gerade erwacht.

KOLOMIKTA-STRAHLENGRIFFEL

Actinidia kolomikta

Die windende Kletterpflanze bildet Unmengen violett getönter Blätter, die mit der Zeit grün, rosa und weiß werden. In der Sonne entwickelt sich die gesamte Palette an Laubfarben. Im Frühjahr öffnen sich leicht duftende Blüten in kleinen Büscheln. Der Strahlengriffel kann 5 m hoch werden und bevorzugt durchlässige Böden. Er wird an Drähten gezogen.

ALPEN-CLEMATIS

Clematis alpina

Diese sommergrüne Clematis trägt gefiederte, mittelgrüne Blätter und laternenförmige, je nach Sorte blaue, rosa oder weiße Blüten, die sich im Frühjahr öffnen. Aus ihnen entwickeln sich bauschige, silbrige Samenstände. Die Pflanze kann bis zu 3 m hoch werden. In durchlässigen Böden gedeiht sie am besten. Der Wurzelraum sollte beschattet bleiben.

BERG-WALDREBE

Clematis montana

Eine wüchsige, mittelgrüne Kletterpflanze mit geteilten, mittelgrünen Blättern. Sie trägt im späten Frühjahr und Frühsommer viele duftende weiße oder blassrosa Blüten mit gelber Mitte. Man zieht sie an großen Stützen wie Mauern, Bäumen oder Pergolen, da sie bis 12 m hoch werden kann. Sie mag Sonne oder Halbschatten und feuchte, aber durchlässige Böden.

SCHÖNRANKE

Eccremocarpus scaber

Die wüchsige Kletterpflanze öffnet von Juni bis Oktober röhrenförmige, orangerote Blüten. Sie bevorzugt durchlässige Sand- oder Lehmböden an sonnigen, geschützten Standorten. Man zieht sie an Gittern oder Obelisken, an denen sie sich mit ihren Ranken festhält. Sie erreicht eine Höhe von 2,5–4 m. Bei uns wird sie meist nur einjährig kultiviert.

HÄNGE-FORSYTHIE

Forsythia suspensa

Mit ihren schlanken, gebogenen Trieben und den kleinen, gezähnten grünen Blättern ist diese Forsythie ein vorzüglicher Wandstrauch. Man zieht sie überwiegend wegen ihrer leuchtend gelben Blüten mit schmalen Blütenblättern, die sich schon im zeitigen Frühjahr an noch kahlen Zweigen öffnen. Sie wird bis zu 3 m hoch und braucht durchlässige Böden.

NIEDRIGER JASMIN

***Jasminum humile* 'Revolutum'**

Der immergrüne Kletterstrauch trägt glänzende, hellgrüne, gefiederte Blätter und duftende, leuchtend gelbe Röhrenblüten, die sich von April bis Juli in doldigen Büscheln zeigen. 'Revolutum' ist eine beliebte, verlässliche Sorte, die bis zu 2,5 m hoch wird. Sie braucht durchlässige Böden und einen geschützten Platz, an dem es nicht kälter als -15 °C wird.

GROSSBLÜTIGES SPALTKÖRBCHEN

Schisandra grandiflora

Die zarten weißen Blüten dieses windenden, sommergrünen Kletterers öffnen sich im Mai und Juni. Weibliche Exemplare bilden, wenn ein männliches in der Nähe wächst, im Herbst hängende rote Früchte. Das Spaltkörbchen braucht einen geschützten Standort und feuchte, aber durchlässige Böden in der Sonne oder im Halbschatten. Sie wird bis 10 m hoch.

DUFT-BLAUREGEN

Wisteria x formosa

Der wüchsige, windende Kletterstrauch begeistert durch einen eleganten Habitus. Im Juni präsentiert er duftende lila Schmetterlingsblüten, die Gärten nicht nur mit ihrer Farbe, sondern auch ihrem Duft bereichern. Nach der Blüte bilden sich oft pelzige Samenhülsen. Bevorzugt wird gut durchlässiger Boden und Sonne oder Streuschatten. Höhe: bis 9 m.

KLETTERPFLANZEN **FÜR DEN SOMMER**

Viele Kletterpflanzen mögen es, wenn ihre Wurzeln im Schatten stehen, sie aber zur Sonne wachsen können. Die hier aufgeführten Schönheiten zeigen sich im Sommer von ihrer besten Seite – das duftende Geißblatt ebenso wie die Schwarzäugige Susanne, die im Topf gut aufgehoben ist.

CLEMATIS

Clematis x jackmanii

Diese farbenfrohe Clematis lässt man am besten um Türen und Fenster klettern, wo ihre vielen großen, violetten Blüten von Juli bis September genossen werden können. Sie mag es vollsonnig bis halbschattig, verträgt die meisten Böden, solange sie feucht und durchlässig sind, und wird bis zu 4 m hoch. Im März wird sie bis zum Ansatz zurückgeschnitten.

WEISSE KLETTER-HORTENSIE

Hydrangea anomala* subsp. *petiolaris

Die wüchsige Pflanze trägt im Sommer eiförmige bis rundliche Blätter und große offene Rispen aus cremeweißen Blüten. Jungpflanzen müssen gestützt werden. Ideal ist ein sonniger bis halbschattiger Standort mit feuchter, aber durchlässiger Erde. Der Strauch wächst anfangs langsam, kann aber 15 m hoch werden.

WALD-GEISSBLATT

***Lonicera periclymenum* 'Serotina'**

Ein intensiv duftendes Geißblatt, das an Sträuchern, Bäumen und Bögen gezogen werden kann und bis zu 8 m hoch wird. Seine weißen, rotviolett gestreiften Blüten öffnen sich im Hoch- und Spätsommer; sie duften abends am stärksten. Die Pflanze bevorzugt Halbschatten, verträgt aber auch volle Sonne. Am besten gedeiht sie in feuchten, durchlässigen Böden.

BLAUE PASSIONSBLUME

Passiflora caerulea

Die exotisch wirkende Kletterpflanze trägt große weiße Blüten mit violetten, blauen und weißen Staubblättern. Nach der Blüte reifen eiförmige, orange Früchte. Die Art wächst an vollsonnigen bis halbschattigen Plätzen recht schnell. Sie braucht durchlässige, feuchte Böden. Bei uns zieht man sie in Kübeln und überwintert sie im Haus. Höhe bis 12 m.

RAMBLER-ROSE

***Rosa* 'Albertine'**

Mit ihren prachtvollen, stark duftenden, lachsrosa Blüten ist diese Rose im Hochsommer der Star. Man kann sie an Bäumen oder Kletterhilfen ziehen, sie eignet sich aber auch für Mauern und Zäune. Ideal ist ein sonniger Standort mit feuchter, durchlässiger Erde, doch verträgt sie auch karge Böden. Geschnitten wird sie nach der Blüte. Höhe bis 5 m.

KLETTERROSE

***Rosa* 'Golden Showers'**

Ihre intensiv duftenden, goldgelben Blüten vor dunklen Trieben und glänzenden Blättern zeigt diese Rose vom Sommer bis in den Herbst hinein. 'Golden Showers' wächst an vollsonnigen Standorten in fetten, feuchten, durchlässigen Böden am besten, verträgt aber auch Schatten und magere Böden. Sie erreicht bis 4 m Höhe. Geschnitten wird sie im Frühjahr.

CHILE-KARTOFFEL

***Solanum crispum* 'Glasnevin'**

Das halbimmergrüne Gehölz trägt eiförmige, grüne Blätter und duftende, blauviolette Blüten mit gelbem Auge, die sich im Sommer und Herbst öffnen. Auf sie folgen cremeweiße, giftige Früchte. Die Pflanze ist nicht winterhart und wird am besten im Topf an einem warmen, leicht beschatteten Platz gezogen. Ihre Triebe müssen angebunden werden. Höhe bis 6 m.

SCHWARZÄUGIGE SUSANNE

Thunbergia alata

Die Schwarzäugige Susanne ist eine sehr ansehnliche, bei uns meist einjährig kultivierte Kletterpflanze, die man wegen ihrer orangegelben Blüten mit auffälligem schwarzem Auge zieht. Man pflanzt sie in einen Topf mit feuchtem, durchlässigem Substrat und lässt sie an einer Metall- oder Holzpyramide in der Sonne hochklettern. Sie wird bis zu 2,5 m hoch.

STRÄUCHER

EINEN STRAUCH **PFLANZEN**

Sträucher spielen in jedem Garten eine wichtige Rolle. Sie steuern vielfältige Textur, Blüten und Laub bei. Vor dem Pflanzen sieht man auf dem Etikett nach, welchen Standort und Boden die Art bevorzugt, denn ein nachträgliches Umsetzen ist schwierig.

SIE BRAUCHEN

- Topfstrauch, z. B. ein Johannisbeerbusch wie hier zu sehen
- großer Spaten oder Grabgabel
- Stab
- Komposterde
- Gießkanne

SIEHE AUCH

- **GESUNDE PFLANZEN AUSWÄHLEN** >> 20/21
- **EINE WURZELNACKTE ROSE PFLANZEN** >> 116/117
- **STRÄUCHER AUSWÄHLEN** >> 140/143

STRÄUCHER DÜNGEN

Nach dem Pflanzen verteilt man auf dem Wurzelraum eine Lage Erde mit Langzeitdünger. Er gibt beim Wässern Nährstoffe für die Wurzeln frei und versorgt den Strauch mit allem, was er braucht.

Für einen Strauch braucht man ein eher breites als tiefes Pflanzloch.

1 Pflanze in ihrem Topf gründlich einweichen. Ein großes Loch graben, das zwei- bis dreimal so breit wie der Topf ist. Alte Wurzeln und größere Steine aus der Erde holen und Erde am Grund des Pflanzlochs mit der Grabgabel lockern.

2 Einen Stab über das Pflanzloch legen, um die korrekte Tiefe zu prüfen. Er sollte auf beiden Rändern und der Oberfläche des Wurzelballens aufliegen. Pflanze so drehen, dass ihre schönste Seite in die Richtung zeigt, von der aus man sie sieht.

3 Pflanze aus dem Topf ziehen. Sie sollte sich leicht herauslösen lassen. Am Ballenrand kreisförmig wachsende Wurzeln lockern. In den Aushub organische Substanz wie Komposterde mischen, vor allem auf mageren Böden. Aushub um den Ballen einfüllen.

4 Pflanze gut wässern, nachdem der Aushub um den Ballen herum eingefüllt wurde. Erde leicht festdrücken. Die Pflanze sollte in einer leichten Mulde sitzen, damit das Wasser dort versickert, wo es gebraucht wird. Wurzelbereich mit gut verrotteter organischer Substanz wie Kompost mulchen.

EINEN STRAUCH **EINTOPFEN**

Immergrüne Sträucher wie *Hebe* sind in Töpfe gepflanzt dort wertvolle Zierelemente, wo Platz knapp ist. Kaufen Sie eine Pflanze mit gesundem Laub und schöner Form. Von Exemplaren, bei denen die Wurzeln schon durch das Abzugsloch wachsen, lässt man besser die Finger.

SIE BRAUCHEN

- immergrüner Strauch, z. B. *Hebe*, wie hier abgebildet
- Pflanzgefäß mit Abzugslöchern
- Tonscherben oder Steinchen
- erdhaltiges Substrat ohne Torfanteil
- feiner Kies
- Gießkanne mit feinem Brausestück

SIEHE AUCH

- **EINEN STRAUCH PFLANZEN** >> 110/111
- **STRÄUCHER UMTOPFEN** >> 138/139
- **STRÄUCHER AUSWÄHLEN** >> 140/143

IMMERGRÜNE STRÄUCHER

Sträucher, die ihr Laub das ganze Jahr über tragen, nennt man immergrün. Sie bilden in kleinen Gärten, in die keine Bäume passen, das ganze Jahr über eine grüne Kulisse. Viele haben auch schöne Blüten und Beeren.

Kaufen Sie einen frostbeständigen Topf, damit Sie die Sträucher im Winter draußen lassen können.

1 Prüfen, ob das Pflanzgefäß Abzugslöcher hat, und ggf. einige bohren. Boden des Gefäßes mit Tonscherben oder kleinen Steinen bedecken, um den Wasserabzug zu verbessern. Die Löcher dürfen aber nicht blockiert werden.

2 Frisches Substrat in das Pflanzgefäß füllen. Evtl. Klumpen zerkleinern. Nur so viel Erde einfüllen, dass beim Hineinstellen der Pflanze noch ein Abstand von 5 cm zwischen der Oberseite des Ballens und dem Topfrand bleibt.

Die Erde darf weder zu nass noch zu trocken sein.

3 Pflanze in ihrem alten Topf in die Mitte des Pflanzgefäßes stellen und Erde um den Topf herum einfüllen; dabei Erde immer wieder andrücken. So soll ein Loch entstehen, in das der Ballen exakt passt. Falls es nicht mittig ist, von Neuem beginnen.

Pflanzen bevorzugen lockere Erde, daher hier noch nicht andrücken.

WEITER ▷

4 Strauch aus dem Pflanzgefäß heben, ohne dass das Loch zusammenfällt. Pflanze gut wässern, falls das nicht bereits geschehen ist, und das Wasser ablaufen lassen. So wird der Strauch von Anfang an optimal versorgt.

Strauch vorsichtig aus der Vertiefung heben, ohne dass sie zusammenfällt

5 Den Strauch vorsichtig aus seinem alten Topf nehmen, ohne die Wurzeln zu verletzen oder Äste abzubrechen. Wurzeln am Rande des Ballens lockern, damit sie später gut nach außen wachsen können.

6 Strauch behutsam im Loch versenken und die Erde um den Ballen herum festdrücken. Ggf. noch Erde einfüllen, sodass eine ebene Oberfläche entsteht. Die Stammbasis des Strauchs darf aber keinesfalls tiefer sitzen als zuvor.

7 Strauch gut wässern, damit sich die Erde setzt und Lufteinschlüsse verschwinden. Falls keine Gießkanne mit feinem Brausemundstück verfügbar ist, auf eine Tonscherbe gießen, damit das Wasser gleichmäßig versickert und die Wurzeln nicht freischwemmt. In jeder Ecke des Gefäßes genauso wässern.

Eine Schicht Kies verhindert, dass Unkraut wächst.

8 Als dekoratives Element eine dünne Lage feinen Kies oder kleine Kiesel auf die Topferde streuen. Kies ist in verschiedenen Farben erhältlich. Er hebt die Pflanze hervor und verringert die Verdunstung von Gießwasser im Topfballen.

EINE WURZELNACKTE **ROSE PFLANZEN**

Rosen sind unverzichtbare Gartensträucher und in unzähligen Sorten zu haben. Topfrosen lassen sich wie andere Sträucher das ganze Jahr pflanzen, doch gibt es Rosen auch ohne Ballen, also wurzelnackt. Sie werden im Herbst in die Erde gebracht.

SIE BRAUCHEN

- wurzelnackte Rose
- Gartenschere
- dicke Handschuhe
- Spaten und Grabgabel, Stab
- evtl. Mykorrhiza-Granulat

SIEHE AUCH

- **EINEN STRAUCH PFLANZEN** >> 110/111
- **EINE STRAUCHROSE SCHNEIDEN** >> 122/123
- **ROSEN AN EINER WAND SCHNEIDEN** >> 94/95

FACHBEGRIFFE, ERKLÄRT

Wurzelnackt nennt man Pflanzen, die keinen Erdballen um die Wurzeln haben. Verkauft werden wurzelnackte Pflanzen mit in Verpackungsmaterial eingeschlagenen Wurzeln.

Wer eine wurzelnackte Pflanze nicht sofort einpflanzen kann, schlägt sie provisorisch in Erde ein, damit die Wurzeln nicht vertrocknen oder erfrieren.

1 Kranke oder verletzte Triebe entfernen. Auch überkreuzte, dünne oder überlange Triebe bis zum Ansatz zurückschneiden, um eine ausgewogene Form zu erreichen. Dicke Wurzeln um ein Drittel kürzen.

2 Mit dem Spaten ein Pflanzloch graben, das etwas breiter und tiefer als das Wurzelsystem der Rose ist. Mit der Gabel die Erde am Boden des Lochs lockern. Evtl. Mykorrhiza-Granulat für gute Wurzelentwicklung einarbeiten.

3 Rose in die Mitte des Pflanzlochs stellen und Wurzeln gleichmäßig ausbreiten. Einen Stab über das Loch legen, um sicherzustellen, dass die Veredelungsstelle der Rose sich beim Einpflanzen 2–3 cm unter dem Bodenniveau befindet.

4 Loch mit Erde auffüllen und mit den Händen nach und nach festdrücken, damit die Wurzeln guten Halt haben. Zum Schluss den Boden mit den Füßen leicht feststampfen. Oberfläche harken und dann gut wässern.

IM FRÜHSOMMER BLÜHENDE **STRÄUCHER SCHNEIDEN**

Damit sich Sträucher von ihrer besten Seite zeigen, müssen sie jedes Jahr geschnitten werden. Wenn sie im Frühsommer blühen, stutzt man sie nach der Blüte zurück. Manche brauchen nur einen leichten Schnitt, andere einen stärkeren. Zu Letzteren gehört auch dieser Pfeifenstrauch (*Philadelphus*).

SIE BRAUCHEN

- Gartenschere
- Gartenhandschuhe
- Gartenabfallsack

SIEHE AUCH

- **BLAUREGEN SCHNEIDEN** >> 98/99
- **STRÄUCHER LEICHT SCHNEIDEN** >> 120/121
- **HORTENSIEN SCHNEIDEN** >> 124/125

1 Mit dem Schnitt warten, bis der Strauch verblüht ist. Bei einem jährlichen Schnitt trägt der Pfeifenstrauch jedes Jahr im Juni und Juli zuverlässig Unmengen duftender weißer Blüten.

WANN SCHNEIDEN

Im Frühsommer blühende Sträucher werden am besten nach der Blüte geschnitten. Blühen sie später, schneidet man sie im zeitigen Frühjahr, damit sich bis zur Blüte neue Blütentriebe bilden. Nicht geschnitten werden sollte im Winter.

2 Ein Viertel der ältesten Blütentriebe auf 15 cm über dem Boden zurückschneiden. Das regt das Gehölz zur Bildung junger, kräftiger Triebe aus Knospen unterhalb der Schnittwunden an. Diese frischen Triebe tragen im nächsten Jahr die Blüten.

3 Alle alten Triebe kürzen, die weiter unten jüngeren Wuchs tragen. Das oberste Drittel dieser alten Triebe entfernen und bis auf einen jüngeren Zweig zurückschneiden. Auch totes, verletztes und krankes Holz herausnehmen.

4 Die Spitzen kräftiger junger Triebe, die schon vorhanden sind, abschneiden – das regt den Austrieb von Zweigen weiter unten und die Bildung von Blüten an. Die geschnittene Pflanze sollte kompakter und aufgeräumter aussehen.

STRÄUCHER **LEICHT SCHNEIDEN**

Viele Sträucher wie diese *Daphne bholua* 'Jacqueline Postill' bilden im Frühjahr lange, dünne Triebe. Stutzt man diese zurück, bekommt man eine buschigere Pflanze, die reicher blüht.

SIE BRAUCHEN

- Gartenschere
- Gartenhandschuhe
- Gartenabfallsäcke

SIEHE AUCH

- **IM FRÜHSOMMER BLÜHENDE STRÄUCHER SCHNEIDEN** >> 118/119
- **EINE STRAUCHROSE SCHNEIDEN** >> 122/123
- **WIE UND WANN SCHNEIDEN** >> 236/237

1 *Daphne* bildet im Frühsommer an den Stämmen viele lange Triebe. Lässt man sie stehen, wirkt der Strauch langbeinig und zerzaust.

JUNGE STRÄUCHER SCHNEIDEN

Weiche Triebe an Jungpflanzen kann man einfach mit den Fingern abzwicken. Macht man das regelmäßig, bekommt man einen kompakten Strauch mit schön verzweigtem Gerüst.

2 Mit der Gartenschere lange Triebe um 15–20 cm kürzen. Den Schnitt immer direkt oberhalb einer Blattknospe schräg ansetzen.

Zweig gut festhalten, um schräg schneiden zu können

Den Schnittabfall kann man für Stecklinge nutzen.

3 Die ganze Pflanze auf diese Weise schneiden. Das Kürzen der Triebe regt sie zu buschigerem Wuchs an und hält sie kompakt. Alle frischen Triebe tragen im Frühjahr Blüten.

EINE STRAUCHROSE **SCHNEIDEN**

Die meisten modernen Strauchrosen blühen öfter in der Saison und müssen nicht so stark wie Buschrosen geschnitten werden, da sie an alten Trieben blühen. Schneiden Sie Ihr Exemplar im März.

SIE BRAUCHEN

- feste Handschuhe
- Gartenschere

SIEHE AUCH

- **EINE WURZELNACKTE ROSE PFLANZEN** >> 116/117
- **EINEN ROSENBOGEN SCHNEIDEN** >> 92/93
- **ROSEN AN EINER WAND SCHNEIDEN** >> 94/95

BUSCHROSEN SCHNEIDEN

Teehybriden und Floribunda-Buschrosen schneidet man im zeitigen Frühjahr. Man entfernt alte, kranke und überkreuzte Triebe. Den Rest stutzt man bei Teehybriden auf 15 cm, bei Floribunda auf 20–30 cm über dem Boden zurück.

1 Strauchrosen werden geschnitten, damit sie ein kräftiges Gerüst bilden und um den verdichteten Wuchs vom letzten Jahr zu entfernen. Das verbessert die Luftzirkulation, was wiederum die Anfälligkeit für Pilzkrankheiten verringert.

2 Tote, beschädigte und kranke Triebe abschneiden. Dann alle schwachen Triebe entfernen, die nicht kräftig genug sind, um neue Blüten zu tragen. Außerdem ein paar der ältesten Triebe bis zum Boden zurückschneiden.

3 Gesunde Haupttriebe um ein Viertel und einige der Seitentriebe um ein paar Zentimeter kürzen. Den Schnitt stets über einer gesunden Knospe so ansetzen, dass die Schnittfläche nach Möglichkeit von der Pflanzenmitte weg nach außen zeigt.

4 Der Strauch sollte nach dem Schnitt insgesamt um ein Viertel kleiner sein und ein kräftiges, offenes Gerüst mit ausgelichteter Mitte haben. Dann ist im Hochsommer mit einer Fülle schöner Blüten zu rechnen.

HORTENSIEN **SCHNEIDEN**

Die Garten-Hortensie (*Hydrangea macrophylla*) blüht im Sommer aus Knospen, die sich im Vorjahr gebildet haben. Ein sorgfältiger Schnitt alljährlich im Frühjahr kurz vor dem Austrieb sorgt dafür, dass mit einer guten Blüte zu rechnen ist.

SIE BRAUCHEN

- Gartenschere
- Gartenhandschuhe
- Gartenabfallsäcke

SIEHE AUCH

- **EINEN ROSENBOGEN SCHNEIDEN** >> 92/93
- **BLAUREGEN SCHNEIDEN** >> 98/99
- **WINTERLICHER GARTENSCHMUCK** >> 130/131

FARBWECHSEL

Die Blütenfarbe von Garten-Hortensien hängt vom Boden ab: In sauren Böden sind sie blau, in neutralen rötlich violett und in alkalischen rosa. Weiße Formen bleiben immer weiß, egal in welchem Boden sie wachsen.

1 Die alten Blütenstände der Hortensien schützen die empfindlichen neuen Blütenknospen vor der Kälte. Man lässt sie im Winter an der Pflanze, damit sie im nächsten Sommer reich und farbenfroh blüht.

2 Wenn im Frühjahr keine Fröste mehr zu erwarten sind, entfernt man die alten Blütenstände durch Zurückstutzen der Triebe auf ein Paar gesunder Knospen.

Auch die kahlen Triebe bringen noch Struktur und Vielfalt in den winterlichen Garten.

3 Nicht zu stark zurückschneiden, da sonst viele bereits vorhandene Blütenknospen an den im Vorjahr gebildeten Trieben verloren gehen. Neue Triebe, die in diesem Jahr wachsen, blühen im nächsten Sommer.

Hortensien sind mit ihren großen Prachtblüten lange schön anzusehen. Sie blühen wochenlang am Stück. Die welken Blüten geben einer Rabatte auch im Winter noch Struktur.

LAVENDEL **SCHNEIDEN**

Lavendel (*Lavandula*) ist ein aromatisch duftender Halbstrauch, den man als Solitär oder niedrige, farbenfrohe Hecke ziehen kann. Seine schöne Form bewahrt er, wenn man ihn zweimal im Jahr schneidet: Einmal schneidet man ihn im späten Frühjahr zurück und ein zweites Mal entfernt man nach dem Flor lediglich welke Blüten.

SIE BRAUCHEN

- Heckenschere

SIEHE AUCH

- **EINE LAVENDELHECKE ANLEGEN** >> 208/209
- **STRÄUCHER AUSWÄHLEN** >> 140/143

1 Lavendelsträucher im späten Frühjahr kurz vor dem Austrieb mit einer sauberen, scharfen Heckenschere stutzen, damit sie buschig und gesund bleiben.

WELKE BLÜTEN ABZWICKEN

Entfernen Sie nach der Blüte alle welken Blütenstände. Das hindert die Pflanze daran, ihre ganze Energie in die Samenbildung zu stecken, und gibt ihr eine rundliche Form.

2 Hier sieht man, dass nur bis knapp zu der Stelle zurückgeschnitten wurde, wo die frischen, grünen Triebe an alten, braunen Trieben ansetzen. Das ist sehr wichtig, denn Lavendel treibt aus altem Holz nicht mehr aus. Schneidet man weiter zurück, wächst nichts mehr nach.

3 Lavendel nur bis knapp über dem alten Holz schneiden. Systematisch die ganze Hecke oder jedes einzelne Exemplar oben und seitlich bearbeiten, um eine möglichst gleichmäßige Form zu erreichen.

Gelegentlich zurücktreten und prüfen, ob man gleichmäßig arbeitet

4 Mit dieser Schnitttechnik wird Lavendel sehr buschig und blüht üppiger. Nach der Blüte im Sommer werden nur noch die welken Blütenstände entfernt.

WINTERLICHER **GARTENSCHMUCK**

Manche Hartriegel und Weiden werden jedes oder jedes zweite Jahr bis fast zum Boden zurückgeschnitten. Dadurch bilden sie viele junge Triebe, die im Winter Farbe in den Garten bringen.

SIE BRAUCHEN

- Gartenschere
- Gartenhandschuhe
- torffreie Erde
- Langzeitdünger

SIEHE AUCH

- **EINEN STRAUCH PFLANZEN** >> 110/111
- **STRÄUCHER AUSWÄHLEN** >> 140/143
- **WIE UND WANN SCHNEIDEN** >> 236/237

1 Schwache, abgestorbene oder verletzte Triebe entfernen, um die Mitte der Pflanze auszulichten. Alle Sträucher mit schönen Wintertrieben, etwa dieser Hartriegel, werden Ende Februar geschnitten.

Totes Holz aus der Mitte herausnehmen, damit die Pflanze im nächsten Jahr wieder besser austreibt

FACHBEGRIFFE, ERKLÄRT

Dünger sind konzentrierte Nährstoffe für die Pflanze.

Langzeitdünger geben Nährstoffe über einen langen Zeitraum hinweg langsam an die Erde ab. Es gibt sie in organischer oder mineralischer Form.

Dünne Triebe entfernen, damit die Pflanze ein kräftigeres Gerüst bildet

2 Den gesamten vorjährigen Wuchs bis auf das erste Knospenpaar am Ansatz der Triebe zurückschneiden. So entsteht ein Gerüst aus jungen Kurztrieben, aus denen die frischen Triebe wachsen.

Der Schnitt sollte leicht schräg sein und in dieselbe Richtung wie die Knospe zeigen.

3 Einige der älteren, dickeren Triebe ausdünnen, damit nicht zu viele Triebe überkreuzt wachsen und sich gegenseitig verletzen. Außerdem sieht ein Strauch mit überkreuzten Trieben verdichtet und wirr aus.

4 Nach dem Schnitt sollte ein einfaches, offenes Gerüst entstanden sein, aus dem viele kräftige Triebe mit farbiger Rinde wachsen. Um den Stock herum werden eine Lage Kompost und Langzeitdünger verteilt.

EINE HECKE **PFLANZEN**

Eine Hecke legt man am besten im Herbst an. Ideal sind langlebige, immergrüne Gehölze mit dichtem Laub, etwa Eiben, Stechpalmen oder Buchsbaum. Eine schöne sommergrüne Hecke bilden Weißdorn, Liguster und Buche. Topfpflanzen kann man das ganze Jahr, wurzelnackte Exemplare ab Spätherbst kaufen.

SIE BRAUCHEN

- Spaten
- gut verrotteter Stallmist oder Gartenkompost
- Schnur
- Messlatte aus Holz oder Karton
- Bambusstäbe
- Heckenpflanzen, z. B. Eiben

SIEHE AUCH

- **LAVENDEL SCHNEIDEN** >> 128/129
- **HECKEN SCHNEIDEN** >> 134/135

MULCHEN

Nach dem Pflanzen eine dicke Schicht Rindenmulch oder gut verrotteten Mist um die Pflanzen verteilen, dabei nur den Ansatz aussparen. So verdunstet weniger Bodenfeuchtigkeit, Unkraut wird unterdrückt und die Wurzelbildung gefördert.

1 Einen 1 m breiten Streifen spatentief umgraben und gut verrotteten Stallmist oder Kompost einarbeiten. Eine Schnur spannen, um den Verlauf der Hecke zu markieren. Daneben einen Graben ausheben, der breit genug für die Pflanzen ist.

2 Als Maß eine Messlatte aus Holz oder Karton zurechtschneiden, auf der ein 50- oder 60-cm-Abschnitt markiert ist. Dann in diesem Abstand Bambusstäbe entlang der Schnur über den Graben legen. Neben jeden Stab eine Pflanze in den Graben stellen.

Mit Stäben den Standort jeder Pflanze markieren

3 Die Gehölze genauso tief pflanzen, wie sie vorher in der Erde saßen – als Orientierung dient die dunkle Färbung am unteren Stammende. Den Aushub wieder in den Graben schieben und dabei die Pflanze gut festhalten.

4 Auf diese Weise den ganzen Graben füllen. Die Erde mit den Füßen andrücken (aber nicht zu stark feststampfen), sodass die Wurzeln gut in der Erde sitzen. Boden grob einebnen und gründlich wässern.

HECKEN **SCHNEIDEN**

Hat man eine ältere Hecke geerbt oder selbst eine gepflanzt, die nun allmählich ebenfalls an Umfang zunimmt, muss sie regelmäßig gestutzt werden, damit sie ihren Zweck als dichte Begrenzung weiter erfüllt. Zudem können Hecken zu interessanten Formen geschnitten werden.

SIE BRAUCHEN

- Handheckenschere
- Elektro- oder Benzinheckenschere
- evtl. Schnur
- Schutzhandschuhe, Schutzbrille und Gehörschutz

SIEHE AUCH

- **EINE HECKE PFLANZEN** >> 132/133
- **LAVENDEL SCHNEIDEN** >> 128/129

IMMERGRÜNE HECKEN

Viele Koniferenhecken schlagen nicht wieder aus, wenn man bis ins alte Holz zurückschneidet. Eine Ausnahme ist die Eibe. Sie muss mindestens zweimal jährlich geschnitten werden. Wartet man zu lange, verkahlt sie.

EINE KLEINERE HECKE STUTZEN

1 Formale Hecken sollten eine möglichst ebene Krone haben. Dazu an jedem Heckenende zwei Stäbe positionieren, die höher als die Hecke sind. Schnur auf der Höhe der anvisierten Heckoberkante spannen.

2 Die Krone und Seiten mit einer Heckenschere schneiden; dabei an der Schnur orientieren. Weniger formale Hecken können runder geschnitten werden.

EINE GRÖSSERE HECKE STUTZEN

1 Eine eingewachsene Hecke legt jedes Jahr gut zu und muss im Spätsommer gestutzt werden, damit sie ihre optimale Form behält. Zurückgeschnitten wird bis zu derselben Stelle wie im Vorjahr. Für kleine Hecken reicht eine Handheckenschere, für größere ist eine elektrische oder benzinbetriebene Schere zu empfehlen.

Bei Verwendung einer Motorheckenschere mit Schutzbrille und Gehörschutz arbeiten

2 Beim Schneiden großer Hecken eine Sicherheitsleiter verwenden. Bis auf den Vorjahreswuchs zurückschneiden. Nach Möglichkeit eine gerade Linie schneiden. Nie zu weit vorlehnen – lieber von der Leiter steigen und sie umstellen.

EINEN KEGEL **SCHNEIDEN**

Klare geometrische Formen wie ein Kegel sind einfach zu schneiden und eignen sich für viele Standorte. Lassen Sie das Gehölz zunächst zur gewünschten Höhe wachsen, bevor Sie ihm mit der Schere zu Leibe rücken.

SIE BRAUCHEN

- Buchsbaum
- Heckenschere mit langen Griffen
- evtl. Gartenhandschuhe

SIEHE AUCH

- **EINEN STRAUCH PFLANZEN** >> 110/111
- **EINEN STRAUCH EINTOPFEN** >> 112/115
- **WIE UND WANN SCHNEIDEN** >> 236/237

WERKZEUG SÄUBERN
Desinfizieren Sie Ihr Werkzeug vor der Benutzung, um eine Ausbreitung von Krankheiten zu verhindern. Ein Haushaltsdesinfektionsmittel reicht völlig. Am Tag danach das Werkzeug ölen, damit es nicht rostet.

Etwas zu große Exemplare mit frischem Wuchs lassen sich besser bearbeiten.

1 Beim Kauf von Buchsbäumen oder anderen für den Formschnitt geeigneten Pflanzen kauft man gesunde, dichte Exemplare mit kräftigem, aufrechtem Stamm in der Mitte und makellosen Blättern. Sie werden mit der schönsten Seite nach vorn gepflanzt.

Ein Formgehölz bringt Struktur in den Garten.

Mit Bedacht arbeiten, um nicht zu viel abzuschneiden

2 Von oben auf die Pflanze schauen und einen zentralen Trieb finden, der die Spitze des Kegels bildet. Mit der Heckenschere von dieser Spitze aus nach außen und unten arbeiten. Außerdem beim Schneiden um die Pflanze herum arbeiten.

3 Gelegentlich zurücktreten und die Form von Weitem begutachten. Damit der Kegel exakt rund wird, direkt von oben aus auf die Mitte schauen. So sieht man, ob er rundherum gleichmäßig geschnitten ist.

4 Hat der Kegel einige Lücken, nicht immer noch tiefer schneiden, sonst wird er winzig. Die Lücken stehen lassen – nach einigen Monaten haben frische Triebe sie gefüllt. Den Kegel zweimal jährlich im Sommer in Form bringen.

STRÄUCHER **UMTOPFEN**

Alle ausdauernden Sträucher müssen irgendwann in einen größeren Topf umziehen – meist alle zwei Jahre im Frühjahr. So bekommen die Wurzeln mehr Platz, um sich auszubreiten. Bei dieser Gelegenheit »füttert« man sie gleich mit frischer Erde.

SIE BRAUCHEN

- großes Pflanzgefäß
- langes Küchenmesser
- Handgabel und Gartenschere
- Tonscherben oder Steinchen
- torffreie Pflanzerde (mit Erdanteil)
- Gießkanne

SIEHE AUCH

- **EINEN STRAUCH EINTOPFEN** >> 112/115
- **STRÄUCHER LEICHT SCHNEIDEN** >> 120/121
- **IM FRÜHSOMMER BLÜHENDE STRÄUCHER SCHNEIDEN** >> 118/119

VORAUSPLANEN

Sträucher wachsen am liebsten ungestört, doch kann man sie durchaus umtopfen, wenn es nötig wird. Planen Sie voraus und schaffen Sie sich ein Gefäß an, das für die nächsten zwei Jahre ausreicht.

1 Topf kippen. Jemanden bitten, ihn festzuhalten, und Pflanze herausziehen. Falls die Gefahr besteht, die Pflanze dabei zu verletzen, oder der Ballen festsitzt, ein langes Küchenmesser zwischen Topfrand und Erde stechen und den Ballen lockern.

2 Falls die Wurzeln zu einem dichten Filz gewachsen sind, die äußeren Wurzeln mit einer Handgabel lockern und alte Erde aus dem Ballen schütteln. Evtl. Moos von der Oberfläche entfernen. Ein offenes Wurzelgeflecht wiederherstellen.

Kies und andere Reste aus dem Ballen holen

3 Die dicken Hauptwurzeln, die für stabilen Stand sorgen, um ein Drittel kürzen. Keine dünnen Faserwurzeln abschneiden, sonst bilden sich nur noch mehr dünne Wurzeln, was Wasser und Nährstoffe verbraucht.

4 Boden des neuen Topfs mit Tonscherben auslegen. Etwas Erde hineingeben und die Pflanze daraufstellen. Zentrieren und exakt senkrecht positionieren. Mehr Erde einfüllen, festdrücken und gut wässern. Mit einer Kiesschicht mulchen.

STRÄUCHER
FÜR DAS GANZE JAHR

Sträucher dienen in vielen Gärten als Kulisse. Sie steuern ganzjährig Farbe, Struktur und Textur bei. Viele kann man zudem als Leitpflanze einsetzen, etwa weil sie ungewöhnliches Laub, Blüten oder Beeren tragen. Die hier vorgeschlagenen Arten sind mindestens drei Jahreszeiten lang interessant.

GROSSBLÜTIGE ABELIE
Abelia x grandiflora

Der Blütenstrauch mit schön überhängendem Wuchs und dunkelgrünem Laub überlebt nur in sehr milden Gegenden mit gutem Schutz den Winter. Ansonsten muss er im Kalthaus überwintern. Seine hellrosa, duftenden Blüten öffnen sich von Frühsommer bis Herbst. Er wird bis 3 m hoch und 4 m breit, braucht volle Sonne und feuchte, durchlässige Böden.

MEXIKANISCHE ORANGENBLUME
***Choisya ternata* 'Sundance'**

Der immergrüne Strauch trägt leuchtend gelbes Laub, das jede Gartenecke aufhellt. Steht das Gehölz im Schatten, sind die Blätter etwas dunkler. Die Pflanze verträgt keinen strengen Frost und kann nur in milden Gegenden an geschützten Standorten mit Schutz überwintern. Sie wird bis 2,5 m hoch und gedeiht in den meisten durchlässigen Böden.

ROTE NICKENDE PRACHTGLOCKE

Enkianthus cernuus* var. *rubens

Der mittelgroße bis große, sommergrüne Strauch bevorzugt saure bis neutrale Böden. Er begeistert mit dunkelroten, glockenförmigen Blüten, die im Mai und Juni in Büscheln am Zweig hängen. Die Blätter leuchten im Herbst in satten Rot- und Violetttönen. Der Strauch wird bis zu 2,5 m hoch. Er braucht gut durchlässige Böden und Sonne oder Halbschatten.

ZIMMERARALIE

Fatsia japonica

Ihre großen, tief gelappten, immergrünen Blätter bringen Farbe und Textur in Gefäße und Rabatten. Die Rispen aus winzigen weißen Blüten erscheinen im Herbst, doch ebenso dekorativ sind die schwarzen Beeren. Die Pflanze ist ideal für geschützte Stadtgärten, denn sie verträgt belastete Luft. Sie kann 3 m hoch werden und hält einige Minusgrade aus.

KAHLE STEIFE SCHEINBEERE

***Gaultheria mucronata* 'Wintertime'**

Gepflanzt wird der immergrüne Strauch vor allem wegen seiner wächsernen weißen Beeren. Die kleinen weißen Blüten erscheinen im späten Frühjahr. Wer viele Beeren sehen möchte, sollte ein männliches Exemplar in der Nähe pflanzen. Die Scheinbeere bleibt mit 1,2 m relativ klein und mag feuchte, neutrale bis saure Böden und Sonne oder Halbschatten.

GEBOGENE TRAUBENHEIDE

***Leucothoe fontanesiana* 'Scarletta'**

In winterlichen Gärten ist dieser immergrüne, für den Hintergrund oder die Mitte einer Rabatte geeignete Strauch mit seinen bogigen, rot getönten Trieben, grünen Blättern und cremeweißen Glockenblüten im Frühjahr ein Hingucker. Im Winter bekommt sein Laub einen bronzeroten Ton. Er wird 1,5 m hoch, bevorzugt Halb- bis Vollschatten und feuchte, saure Böden.

CHINESISCHE LAVENDELHEIDE

***Pieris formosa* var. *forrestii* 'Wakehurst'**

Den immergrünen Strauch schätzt man wegen seines hübschen Frühlingslaubs, das anfangs rot ist, dann aber cremegelb und schließlich grün wird. Im Frühjahr trägt er weiße Glockenblüten in Rispen. Man pflanzt ihn in die Sonne oder in den Halbschatten. 'Wakehurst' braucht leicht saure, durchlässige, feuchte Böden und sehr milde Winter. Er wird bis 2 m hoch.

JAPANISCHE SKIMMIE

Skimmia japonica

Der aparte, immergrüne Strauch mit dunkelgrünen, glänzenden Blättern öffnet aus rosa oder roten Knospen winzige, duftende, weiße Blüten in dichten Rispen. Wächst ein männliches Exemplar in der Nähe, entwickeln weibliche Pflanzen rote Beeren, die den Winter über am Strauch bleiben. Skimmien brauchen feuchte Böden und Halbschatten. Sie werden 1,5 m hoch.

STRÄUCHER
FÜR DEN HERBST

Sträucher können dem Garten im Herbst, wenn sich andere Pflanzen schon verabschieden, noch einmal so richtig Schwung geben. Einige der robusten, vielseitigen Gewächse bieten die unterschiedlichsten Blattfärbungen von leuchtendem Rot bis Violett. Viele tragen zudem Beeren.

CLANDON-BARTBLUME
***Caryopteris x clandonensis* 'Heavenly Blue'**

Der kleine Strauch trägt von August bis September schöne blaue Blüten über dekorativem, aromatisch duftendem, silbergrünem Laub. 'Heavenly Blue' ist vor allem wegen seiner Blütenfarbe beliebt. Er braucht leichte, durchlässige Böden und wird bis 1 m hoch. Ein Schnitt im Frühjahr hält ihn kompakt.

TATARISCHER HARTRIEGEL
***Cornus alba* 'Sibirica'**

Im Herbst vor dem Laubfall färben sich die Blätter dieses Hartriegels gelb, orange und rot. Seine leuchtend roten, kahlen Triebe sind im Winter ein schöner Gartenschmuck. Die weißen Blüten in Trugdolden öffnen sich im Frühsommer – aus ihnen reifen bläulich weiße Beeren. 'Sibirica' wird etwa 3 m hoch und bevorzugt volle Sonne sowie durchlässige Böden.

PERÜCKENSTRAUCH
***Cotinus* 'Grace'**

Im Herbst erstrahlen die eiförmigen Blätter dieses Strauchs in Violett, Scharlachrot und Orange. Alle Perückensträucher, ob grün- oder violettlaubig, warten zum Saisonende mit einem solchen Farbenfeuerwerk auf. Diese Sorte wird 6 m hoch, doch kann man sie durch einen Schnitt viel kleiner halten. Sie braucht durchlässige Böden und viel Sonne.

FÄCHER-ZWERGMISPEL
Cotoneaster horizontalis

Ein niedriger Strauch, der sich zum Begrünen von Mauern und Zäunen sowie als Bodendecker eignet. Zwergmispeln tragen im Sommer kleine weiße Blüten und im Herbst leuchtend rote Beeren. Man pflanzt sie in die volle Sonne und in gut durchlässige Böden. Sie werden bis 1 m hoch und können durch andere Sträucher hindurchwachsen.

FLÜGEL-SPINDELSTRAUCH
Euonymus alatus

Der ausladende, sommergrüne Strauch wird vor allem wegen seines spektakulären Herbstlaubs geschätzt, das karmin- und scharlachrot leuchtet. Seine violetten und roten Früchte enthalten orange Samen. Das Gehölz eignet sich für den Hintergrund von Rabatten. Es wird etwa 2 m hoch und bevorzugt Sonne oder Halbschatten und feuchte Böden.

EICHENBLÄTTRIGE HORTENSIE
Hydrangea quercifolia

Die gelappten Blätter dieses Strauchs unterstreichen seine cremeweißen, kegelförmigen Blütenstände, die vom Hochsommer bis in den Herbst erscheinen. Im Herbst bekommt das Laub einen rötlich braunen Ton, der in leuchtendes Rot und Violett übergeht. Die Pflanze kann bis zu 2 m hoch werden. Sie mag feuchte Böden und Halbschatten.

FEUERDORN
***Pyracantha* 'Mohave'**

Der immergrüne, kräftig bedornte Strauch trägt im Sommer weiße Blüten in Schirmtrauben, aus denen sich orangerote Beeren entwickeln. Es gibt noch viele weitere Sorten mit orangefarbenen, roten und gelben Früchten. Feuerdorn braucht sonnige bis absonnige Standorte und gut durchlässige Böden. Er erreicht eine Höhe von bis zu 4 m.

ROSE
***Rosa* 'Fru Dagmar Hastrup'**

Diese remontierende Strauchrose mit runzeligem Laub öffnet vom Sommer bis zum Frühherbst einfache, duftende, zartrosa Blüten. Zeitgleich mit den letzten Blüten entwickeln sich große, dunkelrote, tomatenartige Hagebutten, die Vögeln schmecken. Die Pflanze wird 1 m hoch und bevorzugt durchlässige Böden sowie sonnige Standorte.

GRÄSER

GRÄSER
PFLANZEN

Die meisten Gräser werden im Topf zum Kauf angeboten. Auspflanzen sollte man sie im Frühjahr, da sie dann eine ganze Saison lang Zeit zum Einwachsen haben, oder im Herbst, wenn der Boden noch so feucht und warm ist, dass der Wurzelballen sich gut ausbreiten kann.

SIE BRAUCHEN

- Topfgräser
- evtl. Gartenerde
- Gießkanne oder Gartenschlauch

SIEHE AUCH

- **GRÄSER PFLEGEN** >> 148/149
- **GRÄSER TEILEN** >> 154/155
- **GRÄSER AUSWÄHLEN** >> 156/157

DEKORATIVE GRÄSER
Gräser gibt es in vielen Farben, Formen und Größen. Neben grünen gibt es auch blaue, rote, braune oder silbrige Arten. Manche bestechen mit einer schönen Herbstfärbung. Wählen Sie aus, was zu Ihrem Gartenstil passt.

1 Ein Pflanzloch graben, in das der Topf mit dem Gras passt. Das Gras in seinem Topf hineinstellen und so justieren, dass die Oberfläche des Ballens auf selber Höhe wie der Gartenboden ist. Gras im Topf gut wässern.

2 Gras aus dem Topf holen und Wurzeln am Rand des Ballens vorsichtig lockern. So können die Wurzeln leichter in das Erdreich rund um den Ballen wachsen.

3 Pflanze mittig in das Loch stellen und Erde um den Ballen herum einfüllen. Mit den Fingern leicht festdrücken. Man kann vorher noch Komposterde in die Erde mischen, doch ist das nicht unbedingt notwendig.

4 Gras mit der Gießkanne oder einem Schlauch vorsichtig wässern. Das versorgt die Pflanze mit Wasser und bringt die Erde direkt mit den Wurzeln in Kontakt. Gras feucht halten, aber nicht im Übermaß wässern.

GRÄSER **PFLEGEN**

Ziergräser und grasartige Pflanzen gehören zu den pflegeleichtesten Gartenschönheiten. Wenig Pflege heißt aber nicht, dass sie überhaupt keine Pflege brauchen. Ein bisschen Aufmerksamkeit sollten sie schon bekommen, damit sie immer gut aussehen.

AUF EINEN BLICK

- **Zu den besonderen Merkmalen** von Gräsern gehören die dekorativen Samenstände. Man sollte sie nur abschneiden, wenn man nicht will, dass sie sich aussäen. Tautropfengras oder Seggen etwa können sich aggressiv ausbreiten.
- **Gräser, die sich im Herbst** oder Winter braun färben, sind in der kalten Jahreszeit dekorative Gartenelemente. Man sollte sie so lange wie möglich stehen lassen.

SIEHE AUCH

- **GRÄSER PFLANZEN** >> 146/147
- **GRÄSER ZURÜCKSCHNEIDEN** >> 152/153
- **GRÄSER TEILEN** >> 154/155

FACHBEGRIFFE, ERKLÄRT

Fächerbesen haben nicht wie Rechen starre, feste Zinken, sondern biegsame, dünne Krallen. Damit kann man Laub oder Moos besser zusammenharken und Gräser kämmen.

Frühjahrsputz Ältere Blätter und Halme vertrocknen im Winter oft. Bei kleinen Gräsern wie einigen Seggen, Kalmus, Hainsimse und Schlangenbart kann man sie einzeln auszupfen, doch größere Horste, etwa von Schwingel (oben), sind rascher auf Vordermann gebracht, wenn man sie mit dem Fächerbesen kämmt.

Gesund oder gestresst? Gesunde Gräser sind normalerweise flach und bis zur Spitze grün. Wenn die Blätter sich jedoch einrollen, deutet das auf Stress hin. Bei Trockenheit ist das Einrollen ein Anzeichen für Wassermangel, da die Pflanze versucht, die Blattoberfläche zu verringern, um weniger Feuchtigkeit zu verlieren. Bei Nässe aber kann es ein Hinweis darauf sein, dass es den Wurzeln zu nass ist und die Pflanze an einen trockeneren Standort umgesetzt werden muss.

Gesundes Gras mit flachen grünen Blättern

Gestresstes Gras mit eingerollten Blättern

Blätter herausnehmen Selbst immergrüne Gräser verlieren irgendwann Blätter. Sie vertrocknen dann von der Spitze abwärts. Gelbe oder braune Abschnitte lassen sich mit der Schere herausschneiden, ganze Blätter bis zum Ansatz entfernen.

Aussaat vermeiden Manche Gräser und grasartigen Pflanzen säen sich leicht selbst aus und können sich so ungebührlich stark ausbreiten. Man verhindert das, indem man einfach welke Blüten mit einer Haushalts- oder Gartenschere abschneidet, bevor sie Samen bilden.

Gräser bereichern Gärten um viele Texturen und bringen Bewegung. Sie sind filigrane Mitspieler in gemischten Rabatten, lassen sich aber auch wie hier zu größeren Gruppen kombinieren.

GRÄSER **ZURÜCKSCHNEIDEN**

Sommergrüne, also nicht immergrüne Gräser müssen radikal zurückgeschnitten werden, damit sie immer gut aussehen. Das kann man im Spätherbst oder, falls man sie im Winter noch im Garten stehen lassen möchte, auch im zeitigen Frühjahr erledigen.

SIE BRAUCHEN

- Gartenschere oder Hand- bzw. Elektroheckenschere
- Gartenhandschuhe

SIEHE AUCH

- **GRÄSER PFLEGEN** >> 148/149
- **GRÄSER TEILEN** >> 154/155
- **GRÄSER AUSWÄHLEN** >> 156/157

1 Braunen Wuchs vom Vorjahr im März bis zum Boden zurückschneiden. Wenn man bis April mit dem Zurückschneiden früh blühender Arten wartet, darauf achten, dass man beim Schneiden nicht die frischen Triebe verletzt.

Alten Wuchs immer nur büschelweise abschneiden, damit keine frischen Triebe entfernt werden.

FACHBEGRIFFE, ERKLÄRT

Sommergrün nennt man Gräser, die im Herbst und Winter ihre grüne Farbe einbüßen und sich goldbraun färben, also vertrocknen. Wie sommergrüne Bäume verlieren sie also ihr altes Laub, um es im Frühjahr durch frische Blätter zu ersetzen. Sie treiben dann neu aus dem Ansatz aus.

2 Stück für Stück durch den Horst arbeiten und dabei die alten Halme und Blätter bündelweise kappen (sie können kompostiert werden). Manche Horste lassen sich nach dem Rückschnitt teilen, andere teilt man besser während des Wachstums.

WEITERE METHODEN

Dicke Halme, kurze Blätter
Manche Gräser sind zu hart für Gartenscheren. Zudem kann man sich an ihnen verletzen. Tragen Sie Handschuhe oder verwenden Sie Heckenscheren mit langen Griffen.

Größere Bereiche scheren
Größere Horste kappt man besser mit einer Elektroheckenschere. Setzen Sie den Schnitt aber etwas höher an als mit der Gartenschere, um keinen Neuaustrieb abzuschneiden.

GRÄSER **TEILEN**

Die meisten Grashorste teilt man im Herbst oder Frühjahr. So bekommen Sie zusätzliche Exemplare, die Sie in Frühjahrspflanzungen einsetzen können. Nur Federgräser (*Stipa*) teilt man zwischen Spätherbst und Spätwinter, weil sie empfindlich reagieren, wenn man sie zu anderen Zeiten schneidet.

Man kann Gräser auch nach dem Zurückschneiden ausgraben und dann erst teilen.

SIE BRAUCHEN

- Säge oder großes Sägemesser
- Gießkanne

SIEHE AUCH

- **GRÄSER PFLEGEN** >> 148/149
- **GRÄSER ZURÜCKSCHNEIDEN** >> 152/153
- **GRÄSER AUSWÄHLEN** >> 156/157

1 Pflanze aus dem Topf holen und die Stelle suchen, an der man sie am besten teilen kann. Dieses Dünengras (*Leymus arenarius*) bietet sich für eine Teilung förmlich an. Größere Gräser kann man auch in drei oder vier Stücke teilen.

WURZELSTOCK NICHT EINGRABEN

Den Horst frisch geteilter Gräser setzt man etwas erhöht in den Boden, damit die Wurzeln nicht faulen. Sie müssen aber trotzdem mit Erde bedeckt sein, sonst trocknen sie aus.

2 Mit einer Säge oder einem Sägemesser dort durch den Stock schneiden, wo am wenigsten Widerstand zu erwarten ist. Stöcke sind in der Regel nur wenige Zentimeter dick, sodass das Schneiden einfacher wird, sobald man ein Stück weit hineingeschnitten hat.

Pflanze beim Teilen oben und seitlich halten

3 Nach dem Durchschneiden des Stocks den restlichen Ballen mit den Händen trennen – dabei werden weniger Faserwurzeln verletzt als beim Schneiden.

Beide Teile sollten groß genug für das Wiedereinpflanzen sein.

4 Teilstücke ebenso pflanzen wie Topfgewächse, dabei mindestens 30 cm Abstand zwischen ihnen lassen. Gut wässern. Gruppen aus zwei oder mehr Horsten entfalten in Gartenbeeten eine gute Wirkung.

GRÄSER
FÜR DEN GARTEN

Gräser sind pflegeleicht, bieten ein breites Farbspektrum und bringen Bewegung in den Garten. Im Handel gibt es ein Riesenangebot an Gräsern, mit dem man sein Grün das ganze Jahr interessant gestalten kann – ganz gleich, ob man sie im Topf, in Rabatten oder als Solitär in Szene setzt.

GARTENSANDROHR
***Calamagrostis × acutiflora* 'Karl Foerster'**

Ein gutes Gras für Naturgärten. 'Karl Foerster' wächst aufrecht und bildet pfeilartige Blütenstände, die 1,5 m hoch werden. Blätter und Blüten überstehen den Winter gut, müssen aber im Frühjahr vor dem Neuaustrieb geschnitten werden. Das Gras braucht Sonne oder Halbschatten und feuchte, durchlässige Erde.

STEIFE SEGGE
***Carex elata* 'Aurea'**

Eine der bekanntesten und meistgepflanzten Seggen. Sie ist sommergrün und verliert ihre Blätter im Herbst. 'Aurea' bildet einen aufrechten Horst aus leicht bogigen, goldgelben, grün gerandeten Blättern mit kleinen, fast schwarzen Blütenähren im Frühsommer. Das Gras braucht feuchte Böden und Halbschatten. Es wird bis zu 75 cm hoch.

PAMPASGRAS
***Cortaderia selloana* 'Pumila'**

Das »Zwerg«-Pampasgras 'Pumila' wird bis zu 1,4 m hoch. Es ist ein robustes, verlässliches immergrünes Gras mit kräftigen Halmen, dunkelgrünen Blättern und vielen, lange haltenden Blütenrispen. Da es nicht so wüchsig ist wie andere Pampasgräser, lässt es sich gut mit anderen Pflanzen kombinieren. Es braucht Sonne und feuchte, durchlässige Böden.

BLAU-SCHWINGEL
Festuca glauca

Schwingel sind schmalblättrige, meistens immergrüne Horstgräser, die in Hochland und Mooren vorkommen. Das Farbspektrum des Blau-Schwingels reicht von Graugrün bis zu intensivem Silberblau. Die kleinen Blüten sind anfangs blau, später braun. Das Gras wird 30 cm hoch und bevorzugt feuchte, aber durchlässige Böden in der Sonne oder im Halbschatten.

JAPANGRAS
***Hakonechloa macra* 'Aureola'**

Diese goldgelbe, 25 cm hohe Form des langsam wachsenden Japangrases hat schmale, überhängende, grün gestreifte gelbe Blätter, die im Herbst und Frühwinter oft einen rötlichen Ton annehmen. Besonders gut zur Geltung kommt es in einem hohen Pflanzgefäß, das seine Kuppelform betont. Es braucht durchlässige Böden und volle Sonne oder Halbschatten.

JAPANISCHES BLUTGRAS
***Imperata cylindrica* 'Rubra'**

Dieses Gras gehört zu den schönsten Blattschmuckpflanzen. Seine Blätter haben beim Austrieb eine rote Spitze. Das Rot zieht sich nach unten und nimmt bis zum Herbst das ganze Blatt in Beschlag. Das Gras wird 50 cm hoch, verträgt aber nicht viele Minusgrade und wird daher im Topf mit durchlässigem Substrat gezogen. Altes Laub entfernt man im Frühjahr.

ZEBRAGRAS
***Miscanthus sinensis* 'Zebrinus'**

Das auffällig quer gebänderte Gras bildet überhängende Horste aus bis zu 2,5 m hohen Blättern. Die Zeichnung ist temperaturabhängig, deshalb ist das Gras im Frühjahr rein grün, kann sich bis zum Hochsommer aber streifig färben. Da es sommergrün ist, muss man altes Laub im Frühjahr abschneiden. Es braucht Sonne und feuchte, durchlässige Böden.

SCHWARZER SCHLANGENBART
***Ophiopogon planiscapus* 'Nigrescens'**

Eine der wenigen Pflanzen mit fast schwarzen Blättern. Das immergrüne Gras breitet sich nur langsam aus. Im Sommer öffnet es kleine, hellviolette Blüten, auf die glänzende, pechschwarze Beeren folgen. Es eignet sich als moderne Rabatteneinfassung, wächst aber auch im Topf, wird 15 cm hoch und braucht durchlässige Erde.

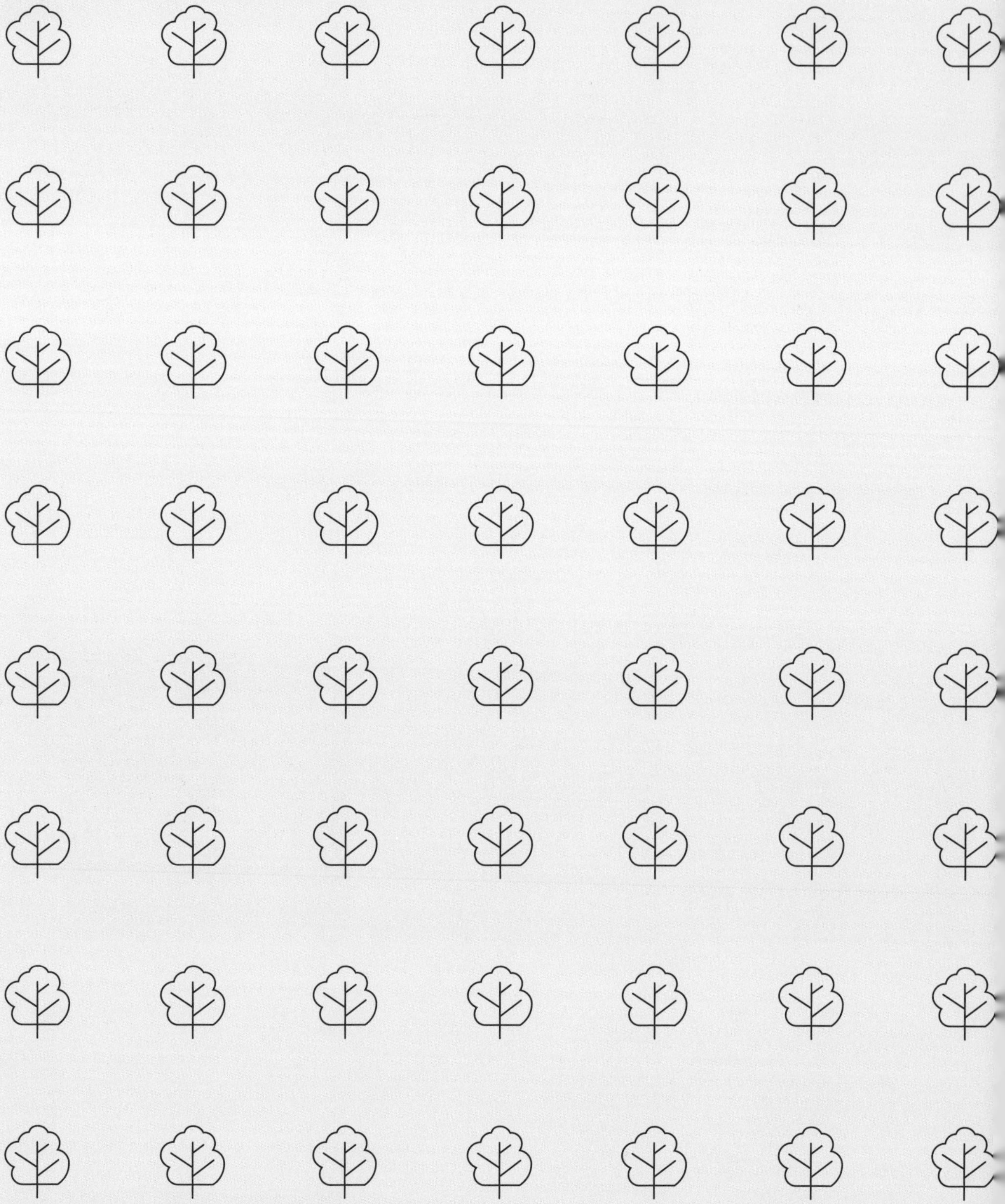

KLEINE **BÄUME**

EINEN BAUM **PFLANZEN**

Einen Baum zu pflanzen ist zwar relativ simpel, doch erst wenn man auf Kleinigkeiten achtet und ihn gut pflegt, wird er optimal gedeihen. Bäume sind langlebig und ein dominierendes Gartenelement, aber auch teuer. Es lohnt sich deshalb, sie fachgerecht zu pflanzen.

SIE BRAUCHEN

- Baum im Kübel, z. B. Apfelbaum
- Spaten und Grabgabel
- Stock
- Pfosten und Fäustel
- Baumband
- gut verrotteter Gartenkompost
- Gießkanne mit feiner Brause
- Eimer
- Gartenschere

SIEHE AUCH

- **EIN GEHÖLZ UMPFLANZEN** >> 168/169
- **BÄUME FÜR KLEINE GÄRTEN** >> 170/171

FACHBEGRIFFE, ERKLÄRT

Wurzelballen nennt man die Masse aus Erde und den in sie eingebetteten Wurzeln einer Pflanze. In einer Topfpflanze besteht der Wurzelballen größtenteils aus Topferde. Wird der Topf zu klein, verdichten sich die Wurzeln am Rand des Ballens.

1 Wurzelballen des Baums zunächst in seinem Kübel gründlich einweichen. Das gleicht den Wasserverlust der Wurzeln beim Einpflanzen aus und sorgt dafür, dass der Ballen sich im Pflanzloch gut setzen kann.

2 Mit dem Spaten ein Pflanzloch graben, das dreimal so breit wie der Kübel und 30 cm tief ist (die meiste Wurzelaktivität findet in der obersten Erdschicht statt). Boden und Seiten des Lochs mit der Grabgabel lockern.

Falls die Seiten der Grube zu hart sind, lockert man sie mit der Grabgabel.

Weicht man den Ballen in seinem Kübel ein, bevor man ihn herausnimmt, lassen sich die Wurzeln leichter lockern.

3 Das Pflanzloch muss die passende Tiefe haben, daher den Kübel in das Loch stellen und Stab darüberlegen – er sollte auf beiden Seiten des Lochs und dem Wurzelballen aufliegen. Ggf. Erde unten wegnehmen oder hinzufügen.

4 Wurzelballen aus dem Kübel ziehen – der Ballen sollte dabei intakt bleiben. Vorsichtig einige der größeren Wurzeln am äußeren Rand des Ballens lösen und herausziehen, damit sie später besser in das Erdreich eindringen können.

Achten Sie darauf, die Wurzeln beim Herausziehen nicht abzubrechen.

WEITER ▷

5 Den Baum in das Loch stellen und aus verschiedenen Richtungen betrachten. Steht er gerade, schlägt man einen Pfosten in der Nähe des Stamms in einem 45-Grad-Winkel in die Erde, damit die Wurzeln nicht verletzt werden. Der Pfosten muss zur Hauptwindrichtung zeigen.

6 Beim Wiedereinfüllen der Erde den Wurzelraum gut wässern. Keine organische Substanz hinzufügen, selbst wenn der Boden mager oder sandig ist, da die Wurzeln sonst nicht weiter in die Erde vordringen. Erde festdrücken.

Das Baumband wird in Achterform um Stamm und Pfosten geschlungen.

7 Baum mit einem Baumband etwa 50 cm über dem Boden locker am Pfosten befestigen, sodass der Stamm noch Platz hat, sich im Wind zu bewegen. Band regelmäßig überprüfen und ggf. lockern, falls es den Stamm einzuschnüren beginnt, damit die Rinde nicht verletzt wird.

Der Baum wird in den ersten ein, zwei Jahren bei Regenmangel gut gewässert.

8 Baum nach dem Pflanzen und bei Trockenheit in den ersten Jahren gut wässern. Den Wurzelbereich um den Baum mit einer etwa 8 cm dicken Schicht gut verrottetem Kompost mulchen. Zwischen Kompost und Stamm aber 15 cm Abstand lassen.

9 In den nächsten 2–3 Jahren den Baum durch Schneiden in die gewünschte Form bringen. Verletztes Holz oder Äste, die die Form beeinträchtigen, abschneiden und überkreuzte, aneinander reibende Triebe entfernen. Bis fast zum Hauptstamm zurückschneiden.

Magnolien gibt es mit vielerlei Blütenformen, etwa großen, prachtvollen Bechern oder Sternen. Viele der Gehölze bleiben klein und sind daher eine perfekte Leitpflanze für Kleingärten oder große Töpfe.

EINEN AST **ABSCHNEIDEN**

Wenn ein Ast zu groß ist, zu niedrig steht, in eine ungünstige Richtung wächst oder krank ist, muss man ihn evtl. entfernen. Bei einem gut gesetzten, sauberen Schnitt heilt die Wunde von allein. Unsachgemäße, ausgefranste Schnitte dagegen können sich infizieren und den Baum faulen lassen, was seine Lebensdauer verkürzt.

SIE BRAUCHEN

- Astsäge
- Gartenhandschuhe
- Gartenabfallsack

SIEHE AUCH

- **WINTERLICHER GARTENSCHMUCK** >> 130/131
- **WIE UND WANN SCHNEIDEN** >> 236/237

1 Den Ast suchen, der abgeschnitten werden soll. Versuchen Sie ihn zu entfernen, solange er noch jung und klein ist, da der Baum das leichter verkraftet. Gehölze erholen sich besser von mehreren kleinen Wunden als von einem großen Schnitt.

ZU ZWEIT ARBEITEN

Will man einen schweren Ast entfernen, sollte man sich einen Helfer suchen, der den Ast halten kann. So verhindert man, dass der Ast abbricht und die Wunde ausfasert oder dass man selbst verletzt wird.

2 Etwa 15 cm vor dem Hauptstamm bis zur Hälfte von unten in den Ast schneiden. Dann noch ein Stückchen weiter vom Stamm entfernt einen zweiten Schnitt von oben durchführen. So entfernt man den größten Teil des Astes, ohne dass die Wunde ausfasert.

Setzt man den Schnitt schräg an, läuft Wasser besser ab, was Fäulnis verhindert.

3 Den verbliebenen Stumpf mit einem dritten Schnitt entfernen. Oben beginnen und knapp vor dem verdickten Astring nach unten schneiden. Dabei den Schnitt leicht schräg nach außen ansetzen. Die Schnittwunde wird bald heilen, da der Baum sie mit einer Schutzschicht abschließt.

EIN GEHÖLZ **UMPFLANZEN**

Manchmal muss ein Baum oder Strauch verpflanzt werden, entweder weil er zu groß geworden ist oder man ihn bei einem Umzug mitnehmen möchte. Falls es nicht dringend ist, wartet man damit am besten bis zur Vegetationsruhe im Herbst oder Winter.

SIE BRAUCHEN

- Spaten oder Grabgabel
- Stab
- Komposterde
- Sackleinen, Gartensack oder alte Decke
- Gießkanne
- Gartenschere

SIEHE AUCH

- **EINEN BAUM PFLANZEN** >> 160/163
- **EINEN AST ABSCHNEIDEN** >> 166/167

UMZUGSVORBEREITUNG
Das Umpflanzen ist für ein Gehölz oft eine Belastung und erfolgt daher am besten in der Ruhephase im Herbst oder Winter. Zuvor schneidet man den Baum oder Strauch noch einmal leicht, um totes Holz zu entfernen.

1 Boden um die Pflanze freiräumen, um sie besser erreichen und ausgraben zu können. Einen trockenen, milden Tag wählen, an dem sich der Boden gut bearbeiten lässt, statt in durchnässter oder gefrorener Erde herumzuwühlen.

Erdreich am Vortag wässern, damit es sich gut bearbeiten lässt

2 Den neuen Standort schon vorher gut vorbereiten, damit die Pflanze im Handumdrehen umgesiedelt werden kann. Jäten und ein rundes Pflanzloch graben, das breit und tief genug für das Gehölz ist.

3 Erde um die Pflanze herum mit dem Spaten ausheben. Als Faustregel gilt: Der Ballen sollte so breit sein wie der Umriss der Krone. Außerdem möglichst viele der feinen Faserwurzeln mit herausnehmen.

Dünne Zweige brechen leicht, deshalb sollte man beim Umpflanzen vorsichtig sein.

4 Ballen aus dem Loch hebeln und einwickeln, am besten in feuchtes Sackleinen (auch ein alter Gartenabfallsack oder eine Decke reichen), damit die Wurzeln nicht austrocknen. Pflanze darin möglichst bald zum neuen Standort bringen.

5 Die Pflanze in das Loch stellen und mit einem Stab die Pflanztiefe prüfen. Das Gehölz darf nicht tiefer als zuvor stehen; ggf. das Loch noch etwas tiefer graben oder aber wieder Erde einfüllen.

6 Das Gehölz in das neue Pflanzloch setzen und angießen. Im folgenden Frühjahr und Sommer stets gut wässern. Mulchen, um den Feuchtigkeitsverlust zu verringern. Vertrocknete Zweige bis auf gesundes Holz zurückschneiden. Gut jäten.

BÄUME FÜR **KLEINE GÄRTEN**

Hier werden einige der verlässlichsten und beliebtesten Kleinbäume empfohlen. Viele schätzt man wegen ihrer besonderen Vorzüge – bei der Sternmagnolie sind es etwa die eleganten Blüten, beim Fächer-Ahorn das feurig leuchtende Laub. Für jeden Standort gibt es den passenden Baum.

FÄCHER-AHORN

***Acer palmatum* 'Sango-kaku'**

Fächer-Ahorne sind kleine Bäume oder große Sträucher mit feingliedrigen, schönen Blättern und oft auch einnehmender Herbstfärbung. 'Sango-kaku' (oder 'Senkaki') wird auch Korallenrinden-Ahorn genannt, weil seine orangerote Borke im Winter den Garten aufwertet. Die Blätter sind zunächst rosagelb, dann grün und im Herbst gelb. Das Gehölz wird 6 m hoch.

KANADISCHER JUDASBAUM

***Cercis canadensis* 'Forest Pansy'**

Das auffällige, mehrstämmige Gehölz trägt herzförmiges, dunkel rotviolettes, im Herbst orange und bronzerot gefärbtes Laub. 'Forest Pansy' wird bis zu 8 m hoch und öffnet im Frühjahr noch vor dem Blattaustrieb kleine rosa Blüten. Der Boden sollte nährstoffreich, feuchtigkeitsspeichernd und gut durchlässig sein, der Standort sonnig bis teilschattig.

KORNELKIRSCHE

Cornus mas

Der kleine ausladende Baum oder Strauch hat grüne, eiförmige Blätter mit violetter Herbstfärbung. Seine Dolden aus winzigen, leuchtend gelben Blüten öffnen sich von Februar bis April. Die Kornelkirsche wird bis 4 m hoch. Sie braucht durchlässige Böden an sonnigen bis halbschattigen Standorten im hinteren Bereich einer Rabatte oder in einer Naturhecke.

STERN-MAGNOLIE

Magnolia stellata

Gerade einmal 3 m hoch wird dieser kleine Baum mit schönen weißen Sternblüten, die sich noch vor dem Austrieb der dunkelgrünen, schmal eiförmigen Blätter öffnen, aber leicht Frühjahrsfrösten zum Opfer fallen. Die Sorte 'Rosea' trägt Blüten mit rosaroter Mitte. Stern-Magnolien bevorzugen feuchte, durchlässige Böden und Sonne oder Halbschatten.

ZIERAPFEL

***Malus* 'John Downie'**

'John Downie' ist ein wüchsiger Zierapfel, an dem im Herbst unzählige leuchtend rote bis orangegelbe Zierfrüchte reifen. Er wird bis 10 m hoch und ist mit seinen weißen Blüten im Frühling ein idealer Bestäuber anderer Apfelbäume in der Nähe. Man weist ihm einen sonnigen Platz zu, auch wenn er Halbschatten verträgt. Der Boden sollte mäßig nährstoffreich sein.

CHINESISCHER TUPELOBAUM

Nyssa sinensis

Ein sommergrüner Baum oder Großstrauch, der 8–12 m hoch werden kann. Das Laub trumpft im Herbst mit allerlei Farben von Gelb über Orange bis Rot auf. Seine graugrüne Borke beginnt mit der Zeit dekorativ abzublättern. Das Gehölz braucht einen vollsonnigen bis halbschattigen Platz und nährstoffreiche, durchlässige, saure Böden.

SAL-WEIDE

***Salix caprea* 'Kilmarnock'**

Diese kleine Weidenart wächst mit ihren langen hängenden Zweigen zu einer unverwechselbaren Pilzform heran. Im Spätwinter öffnen sich silbrige Kätzchen. Um die Form und eine lockere Krone zu erhalten, schneidet man ausgewählte Zweige heraus und entfernt auch abgestorbenes Holz. Der Baum braucht durchlässige Böden und Sonne. Höhe: bis 2 m.

ABENDLÄNDISCHER LEBENSBAUM

***Thuja occidentalis* 'Rheingold'**

Die langsam wachsende immergrüne Konifere wird bis 1,5 m hoch. Ihr buschiges, bronzebraun getöntes, bernsteingelbes Laub ist ein beliebter Blickfang für Beete und Rabatten. 'Rheingold' bevorzugt feuchte, durchlässige Böden und Sonne. Das Laub färbt sich im Winter kräftiger, muss aber evtl. vor austrocknenden Winden geschützt werden.

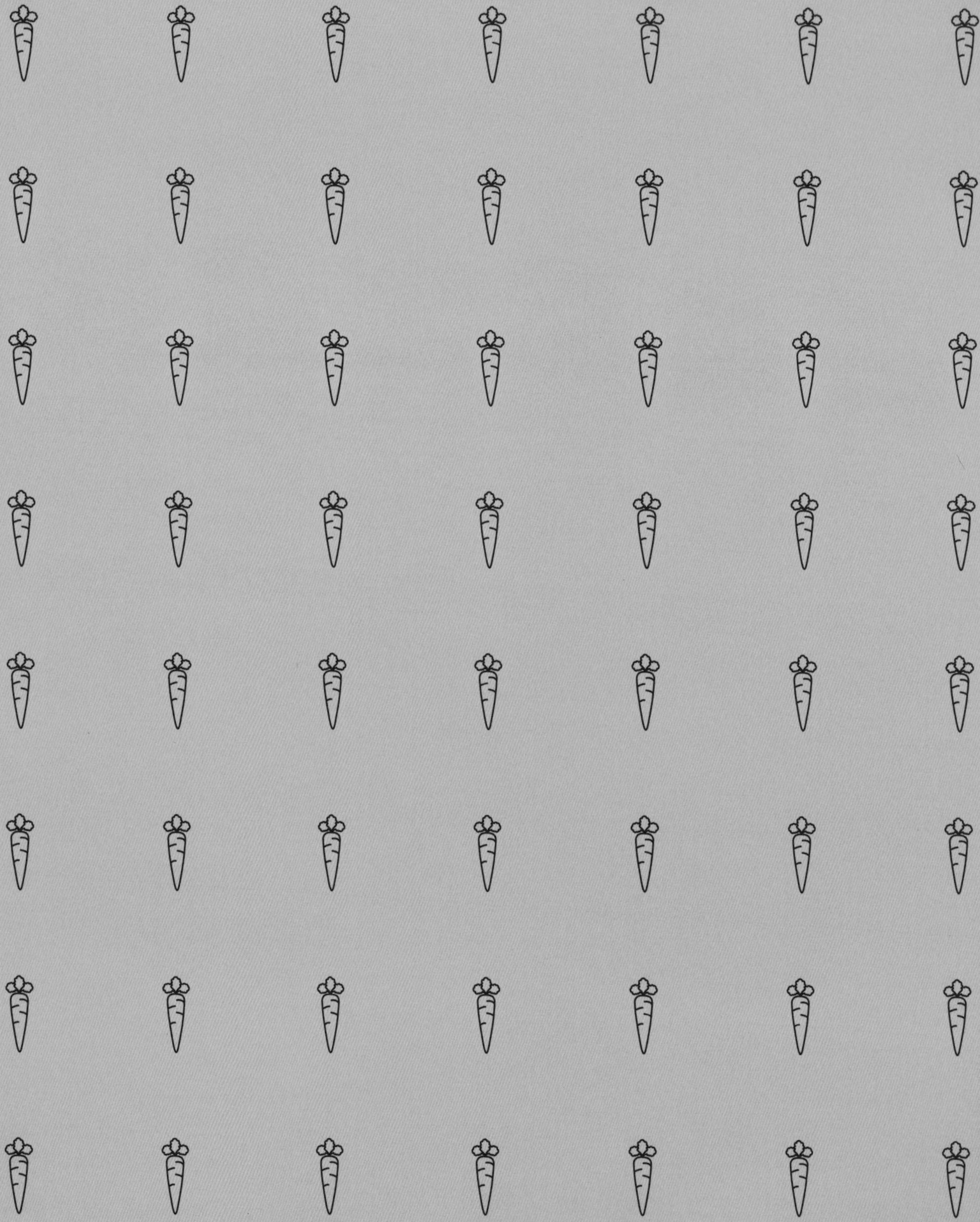

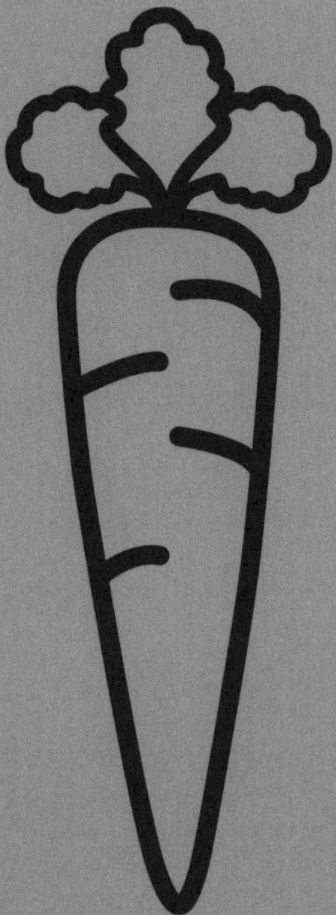

GEMÜSE

AUSSAAT
IN SCHALEN

Die Aufzucht von Gemüse aus Samen ist einfach und preiswert. Das Saatgut in Schalen zu säen lohnt sich, denn die Behältnisse lassen sich leicht reinigen und können wiederverwendet werden. Zudem passen sie in Anzuchtkästen und auf Fensterbänke.

SIE BRAUCHEN

- Saatgut von Gemüse, etwa Blattsalate, Radieschen, Spinat usw.
- Haushaltsreiniger oder Desinfektionsmittel
- Saatschalen
- Topfplatten
- torffreie Aussaat- oder Universalerde
- Anzuchtkasten
- Gießkanne mit feiner Brause

SIEHE AUCH

- **AUSSAAT INS FREILAND** >> 24/25
- **AUSSAAT IN KLEINEN TÖPFEN** >> 178/179
- **GEMÜSE AUS SETZLINGEN ZIEHEN** >> 180/181

FACHBEGRIFFE, ERKLÄRT

Umfallkrankheit nennt man eine Erkrankung von Sämlingen, vor allem solchen, die unter Glas gezogen werden. Sie wird verursacht von einem Pilz, der die Sämlinge umfallen und absterben lässt. Deshalb ist es sehr wichtig, Saatschalen vor Gebrauch zu reinigen.

1 Eine Saatschale mit Aussaat- oder Universalerde füllen. Eine zweite Saatschale zum Festdrücken der Erde und Herauspressen von Lufteinschlüssen verwenden. Auch Verpackungen können gereinigt für Aussaaten benutzt werden, wenn man Abzugslöcher hineinbohrt.

2 Samen gleichmäßig auf der Erde verteilen – entweder direkt aus dem Samenpäckchen oder aus der Handfläche streuen. Körnchen dünn verteilen, denn wenn die Sämlinge zu dicht wachsen, können sie langtriebig, schwach und anfällig für Krankheiten werden.

3 Samen dünn mit gesiebter Erde bedecken. Mit Leitungswasser vorsichtig wässern, ohne dass die Samen weggeschwemmt werden. Kein Regenwasser verwenden, da es Krankheitskeime enthalten kann. Schalen mit dem Namen des Gemüses und dem Aussaatdatum beschriften.

Hohe Luftfeuchtigkeit erhöht das Krankheitsrisiko. Deshalb nimmt man nach dem Keimen den Deckel ab.

4 Schale in einen Anzuchtkasten stellen oder mit durchsichtiger Plastikfolie abdecken, damit die für die Keimung erforderliche feuchtwarme Atmosphäre entsteht. An einen hellen Platz ohne direkte Sonne stellen. Abdeckung nach dem Keimen abnehmen.

WEITER ▷

5 Sämlinge in Topfplatten oder Einzeltöpfe umsetzen, sobald sie ein paar Blätter tragen. Dazu Sämlinge vorher wässern, dann an einem Blatt fassen, Wurzeln mit einem Pflanzholz oder Stift lockern und die Sämlinge vorsichtig einzeln aus der Erde nehmen.

6 Topfplatten oder kleine Einzeltöpfe mit Universalerde schon vorher bereitstellen und wässern. Wasser ablaufen lassen. Mit dem Pflanzholz in jedes Modul bzw. jeden Topf ein Loch drücken, Sämling hineinsetzen und leicht festdrücken. Einwässern und beschriften.

7 Nach einigen Wochen Sämlinge abhärten, also nach und nach an die Freilandbedingungen gewöhnen. Tagsüber nach draußen stellen und nachts wieder unter Glas bringen oder in ein Frühbeet stellen, den Deckel aber immer häufiger offen lassen.

Ein Frühbeet oder ein Gewächshaus ist ideal für Sämlinge, denn dort bekommen sie viel Licht.

AUSSAAT
IN KLEINEN TÖPFEN

Größere Gemüsesamen lassen sich gut in kleinen, gebrauchten Einzeltöpfen heranziehen. Drinnen können sie geschützt wachsen, bis man sie ins Freiland oder größere Töpfe draußen umsetzt.

SIE BRAUCHEN

- größere Gemüsesamen einer beliebigen Sorte
- kleine Töpfe
- Universal- oder Aussaaterde, torffrei
- Pflanzenetiketten
- Anzuchtkasten oder durchsichtige Folie und Gummiband oder Schnur
- Gießkanne mit feinem Brausestück

SIEHE AUCH

- **TOMATEN KULTIVIEREN** >> 184/185
- **KLETTERBOHNEN ZIEHEN** >> 186/187
- **WURZELGEMÜSE ANBAUEN** >> 190/191

AUSSAATEN WÄSSERN

Kleine Töpfe wässern, indem man sie in Wasser stellt, bis sich die Substratoberfläche feucht anfühlt. Dann nimmt man sie heraus und lässt das Wasser ablaufen. So vermeidet man, dass Samen und Sämlinge weggeschwemmt werden.

1 Die Aussaat in kleine Töpfe ist dann empfehlenswert, wenn die Samenkörner größer sind oder wenige Pflanzen benötigt werden. Töpfe mit torffreier Erde füllen, andrücken und Samen in der empfohlenen Tiefe hineinstecken. Beschriften, wässern.

2 Töpfe mit durchsichtiger Folie abdecken oder in einen Anzuchtkasten stellen, bis die Samen keimen. Substrat feucht halten. Töpfe drehen, wenn sie auf einer Fensterbank stehen, damit sie nicht einseitig zum Licht wachsen.

Stark durchwurzelte Topfballen wie hier müssen vor dem Auspflanzen gelockert werden.

3 Pflänzchen an die Bedingungen im Freien gewöhnen. Dazu tagsüber nach draußen und nachts nach drinnen stellen. Bevor der Ballen zu dicht durchwurzelt ist, die Pflanzen ins Freiland oder in größere Töpfe setzen. Danach gut wässern.

GEMÜSE AUS **SETZLINGEN ZIEHEN**

Wenn Sie keine Zeit für das Ansäen von Gemüse haben, kaufen Sie Setzlinge im Gartencenter oder online. Sie haben einen kleinen Ballen mit entwickeltem Wurzelsystem und können sofort ausgepflanzt werden. Setzlinge sind teurer als Saatgut und auch die Auswahl ist kleiner, aber man spart Zeit und Arbeit.

SIE BRAUCHEN

- Setzlinge mit Ballen, z. B. Zucchini
- Organische Substanz, z. B. Rindenschnipsel, Stroh
- Etiketten zum Beschriften
- Stäbe oder Zweige
- evtl. Pflanzglocken
- Gießkanne

SIEHE AUCH

- **TOMATEN KULTIVIEREN** >> 184/185
- **FRÜHKARTOFFELN ANBAUEN** >> 192/193

FACHBEGRIFFE, ERKLÄRT

Pflanzglocken, manchmal auch Anzuchtglocken genannt, sind Abdeckungen, die man über einzelne Pflänzchen stülpt, um sie vor Kälte, Wind, Schnecken und anderen Schädlingen zu schützen.

Früher waren sie aus Glas, doch heute bekommt man sie aus leichtem, gut transportablem Kunststoff.

1 Setzlinge mit gesunden Wurzeln kaufen. Wässern und sofort einpflanzen, damit ihr Wachstum so wenig wie möglich gestört wird. Vorsicht: Zucchini und anderes nicht winterhartes Gemüse erst nach dem letzten Frost auspflanzen.

Setzlinge sind nach dem Herausnehmen aus der Verpackung sehr empfindlich und müssen sofort eingepflanzt werden.

2 Jeden Setzling aus der Verpackung nehmen, am Wurzelballen – nicht an den empfindlichen Blättern – halten und so in die vorbereitete Erde setzen, dass sich das obere Ende des Ballens knapp unter dem Bodenniveau befindet.

3 Boden um jede Pflanze leicht andrücken, damit sie stabil steht. Gut angießen, um das Einwachsen zu fördern. Den Bereich um jede Pflanze mit organischer Substanz mulchen, den Trieb der Pflanze selbst aber freilassen.

4 Pflänzchen mit Etiketten markieren und, falls nötig, stützen. Oft leisten auch Pflanzglocken gute Dienste, da sie die Setzlinge vor Kälte und Wind schützen. Weiter regelmäßig wässern, bis das Pflänzchen eingewachsen ist.

SALAT AUF DER **FENSTERBANK ZIEHEN**

Damit frische Salatblätter bei Bedarf immer gleich griffbereit sind, sät man sie auf einer Fensterbank an. Pflücksalate lassen sich sehr dicht ansäen, da man auch Babyblätter ernten kann, die wieder nachwachsen.

SIE BRAUCHEN

- Samen von Pflücksalaten
- torffreie Universalerde
- Pflanzkästen oder Stoffsäcke
- geflochtene Weidenübertöpfe
- Stift oder Pflanzholz
- Gießkanne mit feiner Brause

SIEHE AUCH

- **GEMÜSE AUS SETZLINGEN ZIEHEN** >> 180/181
- **KLETTERBOHNEN ZIEHEN** >> 186/187
- **WURZELGEMÜSE ANBAUEN** >> 190/191

BLATTSALATE, DIE MEHR PLATZ BRAUCHEN

Kopf-, Romana- und Krachsalat bilden dichte Köpfe aus Blättern. Man sät ihn in Schalen und pflanzt die Sämlinge später in 20–30 cm Abstand aus.

1 Pflanzkästen oder Stoffsäcke passen gut auf eine Fensterbank und sehen mit einem Übertopf aus Weidenruten auch noch hübsch aus. Man füllt sie bis 1 cm unter den Rand mit Erde und zieht 0,5 cm tiefe Rillen in 5 cm Abstand.

2 Samen in die Handfläche schütten und prisenweise mit den Fingern in die Saatrillen streuen. Dünn mit Erde bedecken und mit einer Gießkanne mit feinem Brausemundstück vorsichtig wässern, damit sie nicht wegschwimmen.

Pflücksalate können bis zum Strunk zurückgeschnitten werden. Sie treiben zwei- bis dreimal wieder aus.

3 Erde feucht halten. Sobald die Pflänzchen 5–10 cm hoch sind, 2–3 cm über dem Boden kappen. Sie bilden wieder frische Blätter, die man dann nach etwa zwei Wochen erneut ernten kann.

TOMATEN **KULTIVIEREN**

Selbstgezogene Tomaten frisch vom Trieb schmecken himmlisch und sind obendrein ein dekoratives Gartenelement. Sie werden im zeitigen Frühjahr drinnen ausgesät und beizeiten umgetopft oder im späten Frühjahr als Setzlinge gekauft.

SIE BRAUCHEN

- Tomatenpflänzchen wie die Stabtomaten im Bild
- großer Topf
- torffreie Universalerde
- Stützstäbe (z. B. aus Bambus)
- Gartenschnur
- Tomatenflüssigdünger
- Gießkanne

SIEHE AUCH

- **SALAT AUF DER FENSTERBANK ZIEHEN** >> 182/183
- **KLETTERBOHNEN ZIEHEN** >> 186/187

FACHBEGRIFFE, ERKLÄRT

Stabtomaten (Rispentomaten) sind hoch und brauchen eine Stütze, **Buschtomaten** (Strauchtomaten) wachsen niedriger.

Kirschtomaten reifen im Freiland, **Ochsenherztomaten** tragen besser, wenn man sie unter Glas zieht.

1 Sobald die Nächte frostfrei sind und die Pflanzen ans Freie gewöhnt wurden, füllt man einen 25 cm breiten Topf bis 5 cm unter den Rand mit Erde. Tomaten tief pflanzen, da der Triebabschnitt unter der Erde weitere Triebe bildet.

2 Stabtomaten müssen an einer Stütze gezogen werden. Ein paar lange Bambusstäbe oder andere Stöcke in den Topf stecken und den Haupttrieb daran festbinden. Busch- und Hängetomaten brauchen keine Stütze.

Pflanzgefäß vor dem Bepflanzen gut waschen

3 Haupttriebe mit Gartenschnur locker an die Stäbe binden. Die Spitzen wüchsiger Seitentriebe, die an Stabtomaten zwischen Blättern und Haupttrieb sitzen, kappen. An Buschtomaten die Seitentriebe ungehindert wachsen lassen.

Werden Seitentriebe abgezwickt (ausgegeizt), lenkt die Pflanze ihre Energie in die Blüten- und Fruchtbildung.

4 Regelmäßig wässern. Ab dem ersten Fruchtansatz wöchentlich einen Tomatendünger verabreichen und etwas Erde nachfüllen, falls sich Wurzeln zeigen. Triebspitzen abzwicken, sobald die Pflanze die Spitze der Stützstäbe erreicht hat

KLETTERBOHNEN **ZIEHEN**

Kletterbohnen wachsen am besten in fruchtbaren Böden. Arbeiten Sie daher zwei Wochen vor dem Pflanzen reichlich gut verrottete organische Substanz in das Beet ein. Daneben kann man Begleitpflanzen setzen, etwa Ziergewächse wie Duftwicken, die Bestäuber in den Garten locken.

SIE BRAUCHEN

- Bohnensamen von Kletter- bzw. Stangenbohnen
- Duftwickensetzlinge
- 8 Bambusstäbe 2,20 m lang
- Gartenschnur
- Gießkanne

SIEHE AUCH

- **TOMATEN KULTIVIEREN** >> 184/185
- **WURZELGEMÜSE ANBAUEN** >> 190/191
- **FRÜHKARTOFFELN ANBAUEN** >> 192/193

FACHBEGRIFFE, ERKLÄRT

Begleitpflanzen sind im Gemüsebau Gewächse, die man neben andere Pflanzen setzt, damit sie voneinander profitieren.

Hier beispielsweise pflanzt man Duftwicken neben Bohnen, weil sie Bestäuber anlocken, von denen auch die Bohnen profitieren.

1 Kletterbohnen brauchen unbedingt eine Stütze. Acht, im Idealfall 2,20 m lange Stäbe mit 30 cm Abstand im Kreis in die Erde drücken und in der Mitte sowie am oberen Ende zu einem Wigwam zusammenbinden.

Stangenbohnen werden am besten von Mitte Mai bis Juli ausgesät.

2 Sobald ab etwa Mai der Boden mindestens 12 °C warm ist, neben jeden Stab zwei Samen 5 cm tief in die Erde stecken und gründlich wässern. In kalten Gegenden mit schweren Böden die Bohnensamen ab April in hohe Töpfe säen.

3 Nach dem Keimen den schwächeren der beiden Sämlinge auszupfen. Den verbliebenen Sämling um den Stab winden und mit einer Gartenschnur festbinden. Eine Duftwicke als Begleitpflanze lockt bestäubende Insekten an, was wiederum für eine gute Ernte sorgt.

4 Bohnen regelmäßig abernten, also mindestens zweimal in der Woche, solange die Hülsen noch jung und zart sind, denn überreif schmecken sie nicht so gut und hemmen die Bildung neuer Blüten.

Tomaten schmecken frisch aus dem eigenen Garten viel besser als gekaufte Ware. Sie sind unkompliziert und lassen sich in kleinen Gärten oder auf dem Balkon in Töpfen kultivieren.

WURZELGEMÜSE **ANBAUEN**

Wurzelgemüse ist leicht anzubauen und schmeckt in frisch geerntetem Zustand herrlich süß. Die meisten Sorten gedeihen, wenn man sie ins Freiland sät, die Sämlinge ausdünnt und gut wässert. Wer sie in Töpfe sät, nimmt hohe Gefäße, damit die Wurzeln Platz haben.

SIE BRAUCHEN

- Wurzelgemüsesamen, z. B. von Möhren und Radieschen (hier zu sehen)
- große, hohe Pflanzgefäße, etwa Töpfe oder Pflanzsäcke
- torffreie Universalerde
- Schere
- Gartenvlies
- Stäbe, etwa Essstäbchen

SIEHE AUCH

- **AUSSAAT INS FREILAND** >> 24/25
- **SALAT AUF DER FENSTERBANK ZIEHEN** >> 182/183

WINTERRETTICHE

Winterrettiche brauchen bis zur Reife etwas länger als Radieschen. Man sät vom Hochsommer bis zum Spätherbst aus. Bis zur Ernte der Sorte 'Mantanghong' z. B. vergehen mehrere Monate.

RADIESCHEN

Radieschen oder Sommerrettiche sind das ideale Einsteigergemüse. Sie stellen wenig Ansprüche, wachsen schnell und schmecken frisch geerntet köstlich. Man kann sie vom zeitigen Frühjahr bis zum Spätherbst ins Freiland säen. Sie werden dünn und breitwürfig oder in Rillen mit 5 cm Reihenabstand etwa 1 cm tief gesät. Sobald die Sämlinge erscheinen, dünnt man sie auf 2 cm Abstand aus, damit sie Platz zum Wachsen haben. Töpfe werden gut gewässert.

MÖHREN

1 Große, tiefe Pflanzgefäße wie diese Säcke sind ideal für den Anbau von Möhren. Die Substratoberfläche muss schön eben sein. Etwa 1 cm tiefe Rillen ziehen und Samen dünn hineinsäen, mit etwas Erde bedecken und ordentlich wässern.

2 Sobald die Sämlinge ihre ersten gefiederten Blätter tragen, auf 5 cm Abstand ausdünnen – durch Auszupfen oder Abschneiden mit einer Schere direkt über dem Boden. Alle ausgedünnten Pflänzchen aufsammeln und kompostieren.

3 Möhrenfliegen fliegen immer knapp über dem Boden. Man kann sie mit einer Barriere aus Vlies fernhalten, die mitsamt Gefäß 60 cm hoch ist, oder das Pflanzgefäß entsprechend erhöht stellen.

FRÜHKARTOFFELN **ANBAUEN**

Kartoffeln brauchen wenig Pflege und sind in der Regel nach der Blüte ernterreif. Nach 10–12 Wochen schiebt man etwas Erde beiseite, um nachzusehen, ob sie so weit sind, und holt sie dann mit einer Grabgabel heraus.

SIE BRAUCHEN

- vorgekeimte Saatkartoffeln
- Eierschachteln
- Bindfaden bzw. Gartenschnur
- Stäbe für Etiketten
- Spaten
- Rechen
- Universaldünger

SIEHE AUCH

- **KARTOFFELN IM EIMER ANBAUEN** >> 194/195
- **SCHÄDLINGE BEKÄMPFEN** >> 244/245

SAATKARTOFFELN
Saatkartoffeln sind ab dem Spätwinter erhältlich. Sie sehen wie normale Kartoffeln aus, sind aber garantiert virusfrei. Vorgekeimt werden sie wie in Schritt 1 drinnen.

1 Saatkartoffeln im Spätwinter so in Eierschalen oder ähnliche Behälter legen, dass möglichst viele Knospen (Augen) nach oben zeigen. Die Schalen drinnen sechs Wochen lang an einen kühlen, hellen Ort stellen, damit sie kräftige, dunkle Triebe bilden.

2 Sobald die Triebe im zeitigen Frühjahr 2–3 cm lang sind, in vorbereiteter Erde eine Reihe markieren. Alle 30 cm ein etwa 10 cm tiefes Loch ausheben und jeweils eine Kartoffel mit den Trieben nach oben hineinsetzen.

3 Zum Füllen der Löcher die Reihe mit einem Rechen harken. Reihe mit einem Etikett markieren. Einen Volldünger ausbringen (der aber auch schon vor dem Setzen in den Boden eingearbeitet werden kann).

4 Knollen, die dem Licht ausgesetzt sind, werden grün, giftig und damit unbrauchbar. Um dies zu vermeiden, häufelt man Kartoffeln an. Dazu Erde 15 cm hoch um die Triebe packen, sobald sie erscheinen.

KARTOFFELN IM **EIMER ANBAUEN**

Kartoffeln schmecken frisch geerntet am besten. Man kann sie in hohen Gefäßen oder Eimern kultivieren. Dazu pflanzt man frühe, mittelfrühe und späte Sorten in separaten Gefäßen. So hat man über einen langen Zeitraum hinweg immer frische Knollen parat.

SIE BRAUCHEN

- vorgekeimte Kartoffeln
- Eierschachteln
- großer Eimer
- torffeie Universalerde
- Gießkanne

SIEHE AUCH

- **SALAT AUF DER FENSTERBANK ZIEHEN** >> 182/183
- **EINE KRÄUTERAMPEL BEPFLANZEN** >> 206/207

REGELMÄSSIG WÄSSERN

Die großen Kartoffelstauden und ihre Knollen brauchen viel Wasser, sonst fällt die Ernte klein aus. Die Erde sollte feucht, aber nicht nass sein. Vergessen Sie nicht, Abzugslöcher in den Boden der Gefäße zu bohren.

1 Kartoffeln vor dem Einpflanzen vorkeimen. Im zeitigen Frühjahr so in Eierschachteln legen, dass das Ende mit den meisten Augen nach oben zeigt, und auf eine kühle Fensterbank stellen. Einpflanzen, sobald die Triebe 2 cm lang sind.

2 In der zweiten Frühjahrshälfte Eimer zu einem Drittel mit Erde füllen. Auf die Oberfläche gleichmäßig fünf (oder auch weniger) Kartoffeln mit den Trieben nach oben legen. Kartoffeln 15 cm dick mit Erde bedecken und gut wässern.

Hat man nur ein kleineres Gefäß, reichen auch drei Saatkartoffeln. Schon sie bringen eine ordentliche Ernte.

3 Mit zunehmendem Wachstum der Stauden nach und nach Erde anhäufeln, bis der Eimer voll ist. Das regt die Pflanzen zur Bildung immer neuer Knollen an und verhindert, dass sie Frostschäden davontragen und Licht abbekommen, wodurch sie grün und giftig werden.

4 Wird konstant gewässert, sollten die Kartoffeln bis zur Blüte erntereif sein. Eimer leeren und alle Kartoffeln auf einmal ernten – oder Pflanzen weiterwachsen lassen, mit der Hand durch die Erde wühlen und herausholen, was man braucht.

KRÄUTER

KRÄUTER **ANSÄEN**

In Gartenkatalogen werden Tausende verschiedenster Samen angeboten. Schon allein das Durchblättern macht Spaß – besonders im Winter. Oft ist die Aussaat eine ganz unkomplizierte Angelegenheit. Zudem bieten Samen die Möglichkeit, seine Sammlung häufiger und seltener Kräuter preiswert zu erweitern.

SIE BRAUCHEN

- Samenpäckchen ausgewählter Kräuter, z. B. Basilikum, Kerbel, Koriander, Dill, Zitronenstrauch und Petersilie
- kleine Töpfe und Topfplatten
- torffreie Aussaat- oder Universalerde
- Vermiculit oder feinen Kies
- Gießkanne mit feiner Brause

SIEHE AUCH

- **EINEN KRÄUTERGARTEN ANLEGEN** >> 204/205
- **KRÄUTER AUS STECKLINGEN** >> 210/213
- **KRÄUTER TEILEN** >> 214/215

FACHBEGRIFFE, ERKLÄRT

Vermiculit ist ein natürlich vorkommendes Mineral, das Feuchtigkeit und Nährstoffe speichern hilft, wenn es in Substrat gemischt wird. Es schützt aber auch Samen und Keimlinge während der frühen Entwicklung wie eine Isolierschicht.

GROSSE SAMEN

1 Große Samen lassen sich am leichtesten pflanzen. Anleitung lesen, Samen in die trockene Handfläche nehmen und in den angegebenen Abständen aussäen. Rest wieder in die Verpackung geben.

2 Pflanztiefe und Lichtbedarf variieren von Kraut zu Kraut. Die Hinweise auf der Verpackung lesen und Vermiculit oder feinen Kies so dick wie vom Hersteller empfohlen auf die Samen streuen.

3 Etikett mit wasserfestem Stift beschriften. Auch das Aussaatdatum festhalten, da man so nach der angegebenen Keimzeit prüfen kann, ob sich erste Keimlinge zeigen.

IN LÖCHER SÄEN

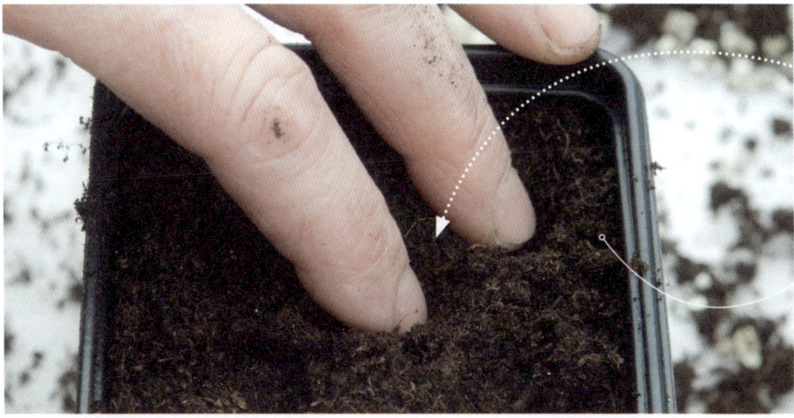

1 Für Samen, die in einem bestimmten Pflanzabstand und in einer größeren Pflanztiefe gesät werden müssen, mit den Fingern Löcher in das Substrat drücken.

Überprüfen Sie beim Festdrücken der Erde auch gleich, ob sie feucht genug ist.

2 Bei großen Samen 1–2 Körner in jedes Loch geben, bei kleineren ein paar mehr. Nicht aus zu großer Höhe hineinfallen lassen, da sie wegspringen und verloren gehen können.

3 Mit einer Mischung aus 1 Teil Vermiculit und 1 Teil feinem Substrat bedecken. An einen warmen, hellen Platz stellen. Leicht feucht halten und regelmäßig auf Anzeichen einer Keimung prüfen.

WEITER ▷

KLEINE SAMEN

1 Die Samen aus der Handfläche auf die Erde rieseln lassen oder in kleinen Prisen vorsichtig ausstreuen. Auf möglichst gleichmäßige Verteilung über die gesamte Oberfläche achten.

2 Kleine Samen müssen mit feinkörnigerem Vermiculit oder Kies bedeckt werden; dabei bleiben manche Körnchen zwangsläufig unbedeckt. Nicht zu stark wässern, da die Körnchen sonst in eine Ecke gewaschen werden können.

3 Saat weiter regelmäßig wässern und an einem hellen, luftigen Ort stehen lassen. Bei Aussaat in der angegebenen Menge im passenden Topf sollte ein Ausdünnen nicht nötig sein, lediglich später ein Vereinzeln.

TOPFPLATTEN

1 Topfplatten gibt es in verschiedensten Größen, von vier großen Modulen bis zu Hunderten kleiner 1-cm-Vertiefungen. Sie eignen sich bestens für Aussaaten, bei denen man nur ein, zwei Pflänzchen pro Modul braucht. Dichtes Aussäen sollte vermieden werden, da dadurch nur schwache, krankheitsanfällige Sämlinge heranreifen

2 Um bei größeren Samen nicht den Überblick zu verlieren, die Körner zunächst auf die Oberfläche jedes Moduls legen, dann in einem Durchgang in die Erde drücken.

In feinkrümeliges Substrat lassen sich die Samen am besten hineindrücken.

3 Überschüssige Sämlinge auszupfen und nur die kräftigsten so stehen lassen, dass sie genug Platz haben. Sobald die Wurzeln ihre Module gut füllen, die Pflänzchen vereinzeln.

Manche ausgezupften Sämlinge lassen sich als Babysalatblätter genießen.

Kräuter wie Estragon, Rosmarin, Salbei und Lorbeer sind leicht zu kultivieren und für Stadt- wie Landgärten gleichermaßen geeignet. Viele blühen und duften vom Frühjahr bis in den Spätherbst.

EINEN KRÄUTERGARTEN **ANLEGEN**

Dieser geometrische Kräutergarten ist an nur einem Tag angelegt, doch Sie haben eine ganze Saison lang Freude daran. Die Backsteine dienen als Einfassung und Unterteilung der Beete. Ein Lorbeer im Topf dient als Leitpflanze.

SIE BRAUCHEN

- Topfkräuter wie Lorbeer, Kamille, Schnittlauch, Rosmarin, Salbei und Thymian
- Pflöcke und Gartenschnur
- Backsteine, nach Möglichkeit gebraucht
- Hammer
- Gartenerde
- Gießkanne

SIEHE AUCH

- **KRÄUTER ANSÄEN** >> 198/201
- **KRÄUTER AUS STECKLINGEN** >> 210/213
- **KRÄUTER TEILEN** >> 214/215

GÄNGIGE KRÄUTER

Zu den beliebtesten Küchenkräutern zählen Basilikum, Kerbel, Koriander, Dill, Majoran, Oregano, Petersilie und Salbei. Minze breitet sich aggressiv aus und sollte nur im Topf gezogen werden.

1 Schnüre zwischen Pflöcken zu einem Kreuz spannen. Entlang der Schnüre Gräben ausheben, die etwas breiter, aber nicht so tief wie die Backsteine sind, damit diese sich setzen können. Mit dem Hammerstiel festklopfen.

2 Nach dem Verlegen der letzten Backsteine Erde um sie herum einfüllen (sie müssen nicht einbetoniert werden). Soll eine Pflanze in der Mitte des Kreuzes wachsen, Platz dafür lassen.

Auf diese Weise lassen sich alte Backsteine bestens verwerten.

Lorbeer muss regelmäßig geschnitten werden, da er sehr schnell wächst.

3 Topfkräuter vor dem Einpflanzen auf dem Beet arrangieren, um die passenden Abstände zu finden. Jedes Kraut vor dem Herausnehmen aus dem Topf noch einmal gut wässern. Pflanzlöcher graben und Kräuter pflanzen. Wieder gut wässern.

4 Zum Schluss eine zentrale Pflanze in die Mitte stellen – hier der Lorbeer (er kann durch einen Schnitt in Form gebracht werden). Pflanzen regelmäßig wässern, vor allem bei heißer, trockener Witterung, bis sie eingewachsen sind.

EINE KRÄUTERAMPEL **BEPFLANZEN**

Duftende Kräuter, in verschiedenen Farben und Texturen in einer Ampel arrangiert, sind ein echter Hingucker. Man hängt das Gefäß am besten in die Nähe der Küche oder des Grillplatzes, damit man die Kräuter griffbereit hat – und ihren Duft genießen kann.

SIE BRAUCHEN

- Kräuter, etwa Basilikum, Thymian oder Schnittlauch
- Hängekorb mit Haken und Folie zum Auskleiden
- torffreie Kräutererde
- kleine Handschaufel
- Braten- oder Grillspieße
- Gießkanne

SIEHE AUCH

- **EINEN KRÄUTERGARTEN ANLEGEN** >> 204/205
- **KRÄUTER AUS STECKLINGEN** >> 210/213

PRIORITÄTEN SETZEN

Bei wenig Platz pflanzt man nur Kräuter, die man wegen ihres Geschmacks wirklich schätzt, etwa Estragon, Schnittlauch und Oregano. Große Vertreter wie Lorbeer und Rosmarin nehmen viel Platz weg.

1 Hat der Korb genug Abzugslöcher am Boden und in den Seiten? Mit einem Grill- oder Bratenspieß mehrere Male von außen durch die Auskleidung stechen. Gute frische Kräutererde in den Korb füllen und leicht festdrücken.

3 Erde um die Wurzeln einfüllen und nach und nach andrücken. Die Kräuter müssen wieder genauso hoch stehen wie im alten Topf. Verletzte Triebe oder Blätter abschneiden und in der Küche verwerten.

Silbriges Laub setzt einen Kontrapunkt.

2 Pflanzen vorsichtig aus ihren Töpfen holen und Wurzelballen lockern, falls er verdichtet ist. Die winterharten Kräuter zuerst arrangieren und pflanzen, größere Lücken dazwischen mit empfindlicheren wie Basilikum füllen.

Evtl. Erdklumpen mit der Hand zerbröseln

4 Korb gut wässern und überschüssiges Wasser ablaufen lassen, dann an einen sonnigen Platz hängen. Dazu einen tragfähigen Haken einschrauben und den Korb daran aufhängen. Vorsicht: Nasse Körbe können schwer sein.

EINE LAVENDELHECKE **ANLEGEN**

Lavendel gefällt nicht nur uns Menschen, auch Bienen und Schmetterlinge fliegen auf das aromatische Kraut. Es ist unkompliziert und muss weder gedüngt noch groß gepflegt werden: Ein jährlicher Schnitt nach der Blüte – mehr braucht es nicht.

SIE BRAUCHEN

- passende Lavendelsorte, etwa 'Hidcote' oder 'Munstead'
- Spaten
- kleine Handschaufel
- Kies
- Gießkanne

SIEHE AUCH

- **EINEN KRÄUTERGARTEN ANLEGEN** >> 204/205
- **LAVENDEL SCHNEIDEN** >> 128/129

ERDE ANDRÜCKEN

Jungpflanzen müssen so eingepflanzt werden, dass sie fest stehen. Statt nur von oben auf den Ballen zu drücken, schiebt man die Erde auch seitlich zu den Wurzeln.

Lavendel kommt mit kargen Böden zurecht, braucht aber gute Dränage.

1 Boden gründlich umgraben. Große Steine und alle Spuren lästiger Unkräuter entfernen. In schwere Böden Kies einarbeiten, aber keinen Dünger und auch keine klumpige organische Substanz, außer in sehr sandige Böden.

Ein vollsonniger Platz ist für Lavendelhecken ideal.

2 Löcher graben, die etwas größer als die Pflanztöpfe sind. Bei Verwendung größerer Lavendelsorten wie 'Hidcote' oder 'Munstead' 30–40 cm Abstand einhalten. Bei kleineren Sorten genügen 25 cm Zwischenraum.

3 Pflanzen gut andrücken – sie müssen auf selber Höhe wie zuvor im Topf stehen. In schweren oder nassen Böden dagegen 2 cm erhöht pflanzen und eine Lage Kies um den Ansatz streuen, sodass der Ballen bedeckt ist.

4 Gleich nach dem Einpflanzen gut wässern. Im ersten Sommer feucht halten, bis der Lavendel eingewachsen ist, aber nicht zu stark gießen. Kein Wasser direkt auf die Pflanze laufen lassen, sondern nur auf den Boden um den Ansatz.

KRÄUTER
AUS STECKLINGEN

Viele Pflanzen setzen keine lebensfähigen Samen an – und falls doch, keimen sie schlecht oder langsam. Manchmal vermehrt man sie besser mit Stecklingen. Sie müssen feucht gehalten und an einen warmen, sonnigen Platz gestellt werden.

SIE BRAUCHEN

- Stecklinge, etwa von Rosmarin, Kamille, Thymian oder Minze
- kleine Töpfe oder Topfplatten
- kleine Garten- oder Haushaltsschere
- torffreies Substrat
- Vermiculit oder Kies
- Gießkanne mit feiner Brause

SIEHE AUCH

- **KRÄUTER ANSÄEN** >> 198/201
- **EINEN KRÄUTERGARTEN ANLEGEN** >> 204/205
- **KRÄUTER TEILEN** >> 214/215

FACHBEGRIFFE, ERKLÄRT

Grünstecklinge sind die weichen, nicht holzigen, biegsamen jungen Triebe einer Pflanze.

Steckhölzer nennt man dickere, holzige Stecklinge.

Luftwurzeln sind Wurzeln, die sich oberirdisch bilden.

Ausläufer sind frische Triebe, die direkt aus den Wurzeln wachsen.

GRÜNSTECKLINGE

1 Im Spätsommer einen nicht blühenden, 7–10 cm langen Trieb von einer gesunden Pflanze abschneiden. Keine zu jungen und weichen Triebe nehmen, da sie schwerer einwurzeln.

2 Schnitt mit einer scharfen Schere knapp unterhalb eines Blattansatzes ansetzen. Die Blätter der unteren Hälfte des Triebs entfernen. Immer nur einen Steckling auf einmal präparieren, damit sie nicht austrocknen.

Ertasten Sie den knotigen Blattansatz mit den Fingern.

3 Trieb 3–4 cm tief in eine Mischung aus 1 Teil Vermiculit oder Kies und 1 Teil feinem Substrat setzen. Biegt sich der Steckling zu stark, ist er zu jung oder das Substrat zu grob. Gut wässern.

Größere Teile wie kleine Triebreste aus dem Substrat entfernen.

WEITER

STECKHÖLZER

1 Einen festen, leicht verholzten, nicht blühenden, 5–10 cm langen Seitentrieb so vom Haupttrieb schneiden oder reißen, dass ein Stück Rinde am unteren Ende haften bleibt.

2 Fasern vom unteren Keil wegschneiden und alle Blätter der unteren Hälfte entfernen. Steckholz in eine Mischung aus 1 Teil Vermiculit oder Kies und 1 Teil Substrat stecken. Wässern.

LUFTWURZELSTECKLINGE

Unteren Bereich von Kräutern wie Kamille und Thymian auf Triebe absuchen, die Luftwurzeln gebildet haben. Triebe mitsamt Wurzeln abschneiden und separat einpflanzen.

WURZELSCHNITTLINGE

1 Kräuter mit Wurzeln, die sich stark ausbreiten, etwa Minze, teilen. Die einzelnen Teile sollten große fleischige Wurzeln haben. Das alte Substrat aber nicht mehr verwenden. In frische, torffreie Erde setzen.

2 Eine lange, gesunde, feste Wurzel mit mindestens 5 mm Durchmesser auswählen. Nach knotigen Verdickungen suchen, aus denen zum Teil vielleicht schon neue Wurzeln und Triebe wachsen.

3 Einen 5–7 cm langen Abschnitt mit mindestens einem Knoten abschneiden und senkrecht in Erde setzen. Zur Sicherheit mehrere Schnittlinge pflanzen.

MINZEAUSLÄUFER

1 Ausläufer von Topfexemplaren entfernen, da sie einwurzeln, wenn sie mit Erde in Berührung kommen. 1–2 Exemplare behalten, den Rest in den Müll werfen, da sie auf dem Komposter weiterwachsen würden.

2 In 7–10 cm lange Abschnitte zerteilen; dabei immer über einem Blattansatz schneiden. 4–5 Abschnitte so in je einen Topf setzen, dass sich wenigstens ein Paar junger, kleiner Blätter über der Erde befindet.

ENTSPITZEN

Triebe entspitzen, die umzufallen beginnen oder zerzaust wirken. Nur die kräftigsten Triebe stehen lassen

Manchmal findet sich an einer Pflanze kein passendes Stecklingsmaterial. Es bilden sich allerdings rasch neue Seitentriebe, wenn man die obersten 5–10 cm abzwickt. Die neuen Triebe geben gute Stecklinge ab.

KRÄUTER **TEILEN**

Viele kleinblättrige, breitwüchsige oder mattenbildende Kräuter lassen sich durch Teilen sehr leicht vermehren. Das geschieht am besten im späten Frühjahr oder Frühsommer, wenn die Mutterpflanze gerade kräftig wächst.

SIE BRAUCHEN

- kleine und große Pflanztöpfe
- Pflanzenetiketten
- Schere oder scharfes Messer
- torffreies Substrat mit etwas Kies oder Vermiculit zur Verbesserung der Durchlässigkeit
- Gießkanne

SIEHE AUCH

- **KRÄUTER ANSÄEN** >> 198/201
- **EINEN KRÄUTERGARTEN ANLEGEN** >> 204/205
- **KRÄUTER AUS STECKLINGEN** >> 210/213

FACHBEGRIFFE, ERKLÄRT

Vergeilte Pflanzen bilden lange, dünne Triebe und wirken zerzaust. Sie fallen leicht um und haben weniger Blätter.

Es gibt verschiedene Gründe für ein Vergeilen. Oft ist Lichtmangel oder ein zu nährstoffreicher Boden die Ursache.

TEILEN DURCH ZERSCHNEIDEN

1 Mit einer scharfen Schere überschüssigen Wuchs an den Seiten und der Oberseite der Pflanze abschneiden – am besten, solange die Pflanze noch im Topf sitzt. Schnittabfall kompostieren.

2 Topf vorsichtig von der Pflanze abziehen (er kann gewaschen und wieder verwendet werden). Die untere Hälfte des Ballens abschneiden und entsorgen oder kompostieren, da er vermutlich ausgelaugt ist.

3 Pflanze mit der Schere oder einem scharfen Messer vorsichtig in etwa 2 × 2 cm große Stücke mit Ballen teilen. Eine Pflanze von der gezeigten Größe sollte für 10 Teilpflanzen reichen.

4 Jeden Topf mit feinkrümeligem Substrat füllen. Erde festdrücken und mit dem Finger ein 2 cm tiefes Loch hineindrücken. In jedes Loch einen Setzling stecken, leicht andrücken und gut wässern.

5 Jeden Topf mit einem Etikett beschriften, auf dem das Datum der Teilung eingetragen ist. An einen hellen, warmen Platz stellen und feucht halten. Nach ein paar Wochen sollten die Pflanzen wieder deutlich wachsen.

VERGEILTE PFLANZEN RETTEN

Die Wurzeln werden gelockert und nach außen gezogen.

Vergeilte Pflanzen lassen sich teilen oder »renovieren«. Dazu größeren Topf mit Erde füllen und die Pflanze hineinsetzen. Die holzigen Triebe bis zu den ersten Blättern mit Erde bedecken. Erde andrücken und feucht halten, bis sich neue Wurzeln bilden. Dann Pflanze teilen oder Triebe als Stecklinge verwenden.

HORSTE TRENNEN

Viele Töpfe mit verdichteten Sämlingen, etwa von Basilikum, Petersilie und Schnittlauch, können geteilt werden. Weil ihre Triebe und Wurzeln sehr empfindlich sind, teilt man die Horste in höchstens sechs Teilstücke.

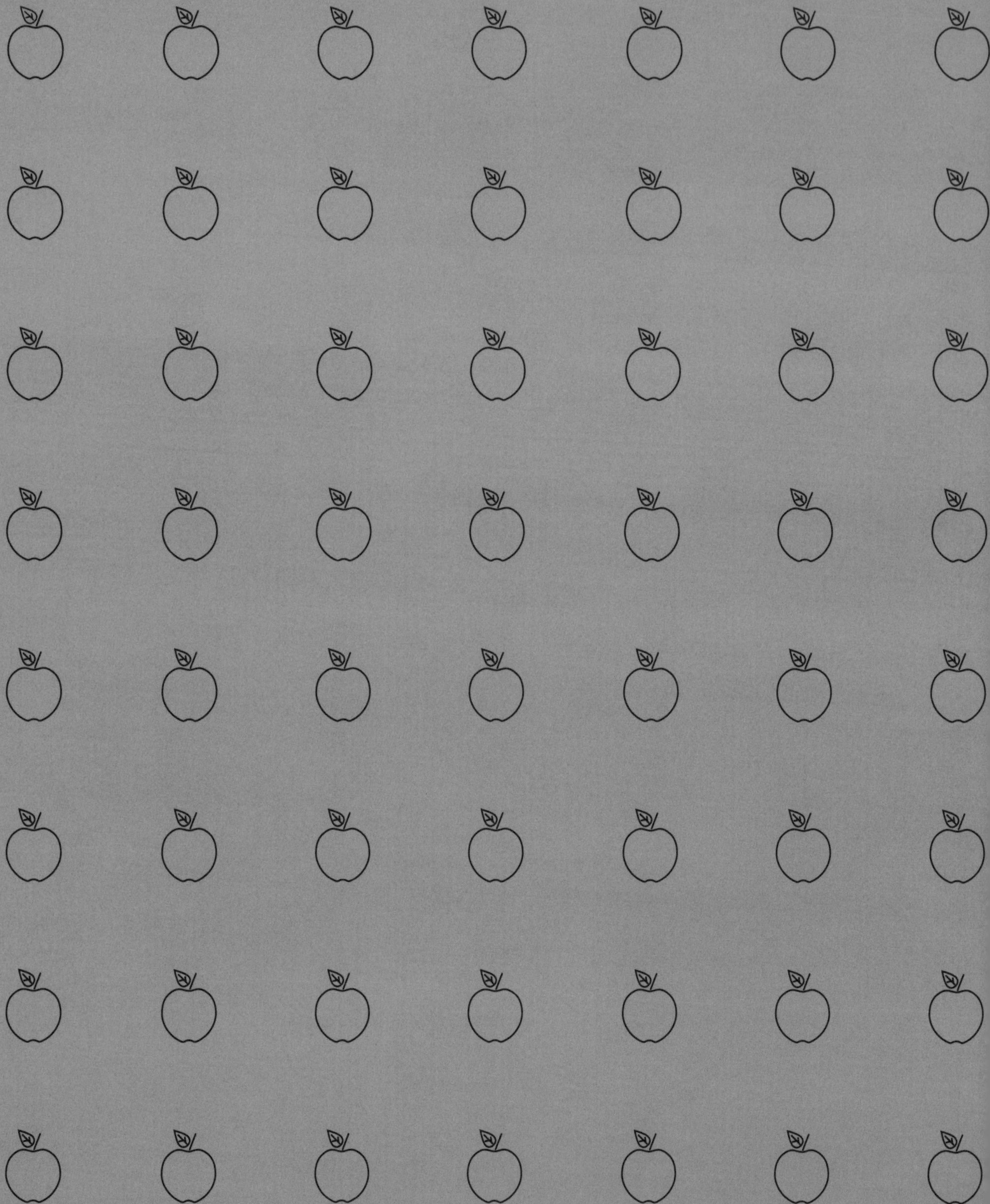

OBST

ERDBEERKÖRBE **BEPFLANZEN**

Mit Blumenampeln lässt sich in kleinen Gärten zusätzlicher Raum für Pflanzungen erschließen. Besonders schön sehen die hängenden Minigärten aus, wenn sie blühen – oder vor reifen Erdbeeren überquellen.

SIE BRAUCHEN

- Erdbeerpflänzchen
- Korb zum Aufhängen
- großes Pflanzgefäß
- Plastikfolie zum Auskleiden, Schere
- torffreie Universalerde
- organischer Flüssigtomatendünger

SIEHE AUCH

- **BLUMENAMPEL FÜR DAS FRÜHJAHR** >> 38/39
- **KRÄUTERAMPEL** >> 206/207

SÜSSE VERFÜHRUNG

Obst schmeckt nicht nur Ihnen, sondern auch Schnecken und anderem Getier. Wächst es in einer Blumenampel, wird es für die Mitesser schwierig, es zu erreichen. Schützen Sie die Ampel zusätzlich mit einem Netz, damit sich Vögel nicht darüber hermachen.

1 Korb auf einen großen Topf stellen, damit er beim Bepflanzen stabil steht. Falls er innen nicht schon ausgeschlagen ist, eine feste Plastikfolie darin drapieren, die Substrat und Feuchtigkeit hält. Abzugslöcher hineinstechen.

Stellen Sie den Korb auf einen Topf, damit er fest steht.

2 Pflanzen in ihren Töpfen wässern. Eine Schicht torffreie Universalerde in den Korb streuen. Die Pflanzen so darauf arrangieren, dass sich die Oberkante ihres Wurzelballens 2–3 cm unter dem Korbrand befindet.

Der Korb darf nicht bis zum Rand mit Erde gefüllt werden, sonst läuft er beim Wässern über.

3 Zwischen die Wurzelballen Substrat einfüllen und andrücken. Erdbeeren nicht tiefer pflanzen, als sie zuvor im Topf standen.

4 Korb gut wässern und Wasser ablaufen lassen, dann an einem gut befestigten Haken aufhängen. Bei warmem Wetter täglich wässern. Alle zwei Wochen Tomatendünger ins Gießwasser geben, sobald die Beeren erscheinen.

EINEN APFELBAUM
IN EINEN TOPF PFLANZEN

Apfelbäume sind mit ihren zarten Blüten und farbenfrohen Früchten ein ansehnliches Gartenelement. Man pflanzt sie in große Töpfe und stellt sie in die Sonne. Sie müssen vor Wind geschützt stehen, damit Insekten die Blüten bestäuben können.

SIE BRAUCHEN

- Apfelbaum, etwa eine Zwergsorte
- großes Pflanzgefäß mit Abzugslöchern
- Tonscherben
- erdhaltiges Substrat
- Langzeitdünger
- Gartenhandschuhe

SIEHE AUCH

- **STRÄUCHER UMTOPFEN** >> 138/139
- **EINEN BAUM PFLANZEN** >> 160/163
- **APFELBÄUME SCHNEIDEN** >> 224/225

APFELBAUM PFLEGEN

Nach dem Einpflanzen darf das Substrat nie austrocknen. Staunässe ist aber ebenso zu vermeiden. Abgestorbene und kranke Zweige schneidet man sofort ab. Je nach Bedarf topft man das Bäumchen alle zwei Jahre um.

1 Eine Lage Tonscherben oder Kies über den Abzugslöchern im Topfboden verteilen, damit sie nicht verstopfen, sondern das Wasser immer gut ablaufen kann.

Für die langen Wurzeln des Apfelbaums braucht man einen großen, stabilen Kübel.

2 Pflanzgefäß mit erdhaltigem Substrat füllen. Langzeitdünger in der empfohlenen Menge dazumischen (siehe Hinweise auf der Verpackung). Beim Einarbeiten des Düngers Gartenhandschuhe tragen.

3 Baum wässern und aus dem alten Topf gleiten lassen. Im neuen Gefäß muss die Oberfläche des Wurzelballens 5 cm unter dem Topfrand sitzen. Wurzeln lockern, damit sie besser einwachsen.

4 Baum vorsichtig in die Mitte des Pflanzgefäßes stellen. Um den Wurzelballen herum Substrat einfüllen und festdrücken. Gut anwässern und auf der Oberfläche des Substrats Kompostmulch verteilen, der jedoch den Stamm nicht berühren darf.

Sogar ein Mini-Obsthain passt in einen Kleingarten, wenn man die Obstgehölze sorgfältig auswählt und gut schneidet. Birnenkordons lassen sich an einer Begrenzung ziehen, Brombeeren an einer Wand und Apfelbäumchen im großen Kübel.

APFELBÄUME **SCHNEIDEN**

Wer Apfelbäume jedes Jahr schneidet, wird mit einem Meer aus Blüten, reichlich Früchten und einem schön geformten Gehölz belohnt. Man schneidet im zeitigen Frühjahr, wenn man die Aststruktur am besten sieht.

SIE BRAUCHEN

- kleine Astsäge
- scharfe Gartenschere
- Gartenhandschuhe
- Trittleiter
- Gartenabfallsack

SIEHE AUCH

- **EINEN AST ABSCHNEIDEN** >> 166/167
- **WIE UND WANN SCHNEIDEN** >> 236/237

KEIN SCHNITT IM HERBST

Apfelbäume sollte man nicht im Herbst schneiden, da sie danach noch einmal austreiben können und die neuen Triebe im Winter erfrieren. Die ideale Schnittzeit ist Ende Februar bis März während der Vegetationsruhe.

1 Frische Zweige ausdünnen, da nicht alle Platz haben, sich zu Fruchttrieben zu entwickeln. Etwa ein bis zwei Jungtriebe alle 30 cm stehen lassen. Auch kurze oder schwache Triebe entfernen.

2 Systematisch um den Baum herumarbeiten, um ein ausgewogenes Astgerüst mit offener Mitte für gute Durchlüftung zu schaffen. Senkrecht nach oben und quer wachsende Zweige entfernen. Sie beeinträchtigen die Baumform.

Ein sauberer Schnitt senkt das Risiko einer Infektion.

3 Zweige auf einen Hauptast bzw. einen ähnlich großen oder kleineren Zweig zurückschneiden. Nicht zu viel wegnehmen, da zu stark geschnittene Apfelbäume im nächsten Jahr mit umso stärkerem Austrieb laubreicher, aber fruchtarmer Triebe reagieren.

BEEREN AUF **KLEINEM RAUM**

Beerenobst, etwa Johannisbeeren und andere Köstlichkeiten, trägt den Sommer über verlässlich reich und setzt im Garten auch noch hübsche Farbtupfer. Bei sorgfältiger Sorten- und Topfwahl bekommt man selbst im kleinsten Garten beerenstarke Naschereien unter.

AUF EINEN BLICK

- **Vögel schätzen** Beeren ebenso wie wir. Bevor sie reif werden, spannt man daher ein feinmaschiges Netz über den Topf und die Pflanze.
- **Erdbeeren** sind anfällig für Krankheiten und tragen mit der Zeit immer schlechter. Sie werden deshalb etwa alle drei Jahre ersetzt und in einen sauberen Topf sowie frisches Substrat gepflanzt.

- **SIEHE AUCH**
- **ERDBEERKÖRBE BEPFLANZEN** >> 218/219
- **BAUMOBST AUF KLEINEM RAUM** >> 228/229

BEERENOBST SCHNEIDEN

Alte Ruten von Himbeeren und Brombeeren schneidet man nach der Ernte bis zum Boden zurück, um den Austrieb neuer Fruchttriebe anzuregen. Beim Frühjahrsschnitt entfernt man totes und überkreuztes Holz, um die Mitte auszulichten und die Pflanze zu begrenzen.

Kulturbrombeeren sind eng mit ihren struppigen, dornigen wilden Vettern verwandt. Sie bleiben aber kleiner, tragen keine Dornen und haben größere Früchte. Kaufen Sie speziell für Topfkultur geeignete Sorten. Sie belohnen Sie mit weißen Blüten und reicher Ernte im Spätsommer. Brombeeren werden viele Jahre alt und am besten im Frühjahr in ca. 50 cm breite Töpfe mit erdhaltigem Substrat gepflanzt. Sie brauchen Sonne oder Halbschatten.

Beerensträucher, etwa Stachelbeeren oder Schwarze und Rote Johannisbeeren, sind nicht ganz billig, gedeihen aber in Gefäßen mit erdhaltigem Substrat. Wichtig ist ein sonniger Platz mit guter Luftzirkulation zur Förderung der Reifung. Der Ballen darf nicht austrocknen; wässern Sie also regelmäßig, sonst platzen die Beeren auf. Rote und Schwarze Johannisbeeren brauchen einen mindestens 45 cm breiten und hohen Topf. Stachelbeeren genügt hingegen ein 40-cm-Topf.

Von Stachelbeeren gibt es grüne, rote und gelbe Sorten.

Kultivieren Sie mehrere Erdbeersorten auf einmal, damit Ihr Pflanzgefäß bzw. Erdbeertopf (Bild) viele Wochen lang Früchte liefert. Es gibt frühe, mittelfrühe und späte Sorten. Erdbeeren brauchen eine gute Dränage und ab dem Fruchtansatz alle 14 Tage einen Tomatendünger.

Vor allem Heidelbeeren eignen sich für die Topfkultur, denn sie bevorzugen saure Böden, die man ihnen im Garten nicht immer bieten kann. Man pflanzt sie in Moorbeeterde und einen 40-cm-Topf. Mit einem Netz (hier über einem Stangenzelt) schützt man sie vor hungrigen Vögeln.

BAUMOBST AUF **KLEINEM RAUM**

Obstgehölze lassen sich als Kordons mit einem einzigen Stamm erziehen. Damit bekommt man viele schmackhafte Früchte auf kleinem Raum unter. Das Pflanzen mehrerer Birnen- und Apfelsorten sorgt für gute Bestäubung und Ernte.

AUF EINEN BLICK

- **Apfel- und Birnensorten** für beengte Verhältnisse tragen ihre Früchte an Kurztrieben, die an ihrem Stamm sitzen. Das Verhältnis von Größe zu Erntemenge ist bei ihnen besonders gut.
- **Wer mehrere Sorten** kultiviert, muss darauf achten, dass sie zueinander passen, um sich gegenseitig zu bestäuben. Lassen Sie sich beim Kauf entsprechend beraten.

SIEHE AUCH

- **ERDBEERKÖRBE BEPFLANZEN** >> 218/219
- **EINEN APFELBAUM IN EINEN TOPF PFLANZEN** >> 220/221
- **BEEREN AUF KLEINEM RAUM** >> 226/227

FACHBEGRIFFE, ERKLÄRT

Kordons sind Bäume mit einem einzigen Stamm auf schwachwüchsiger Unterlage. Diese sorgt dafür, dass sie klein bleiben. Vor allem Apfel- und Birnenbäume werden als Kordons gezogen. Sie können auch an Wänden oder Begrenzungen erzogen werden.

Kordons Sie werden traditionell im 45-Grad-Winkel erzogen. Entfernen Sie im ersten Jahr nach dem Einpflanzen alle Blüten, um die Bildung eines kräftigen Wurzelsystems zu fördern. Neuer Wuchs wird jährlich zum Sommerende auf zwei Knospen zurückgeschnitten, damit der Baum kompakt bleibt.

Horizontaler Kordon Er wird auch als Stepover bezeichnet. Seine Seitentriebe werden im Sommer gekürzt, damit der Baum seine Energie in den Fruchtansatz steckt.

Vor allem Jungbäume brauchen eine gute Stütze.

Ballerina- oder Säulenäpfel So nennt man Züchtungen, die senkrecht und säulenförmig wachsen. Ihre Früchte reifen an Kurztrieben, die direkt am Stamm sitzen. Ein Sommerschnitt ist kaum notwendig. Es gibt vier Tafelapfelsorten: 'Bolero', 'Polka', 'Waltz' und 'Flamenco'.

Auswahl Viele Apfel- und Birnensorten gibt es als Kordon oder kompakten Busch. Man kann sie bereits fertig erzogen kaufen, sodass sie dem Garten sofort Struktur geben. Wer auch noch möglichst bald ernten will, kauft ältere Exemplare, die bereits tragen.

GARTENPRAXIS

PFLANZEN **WÄSSERN**

In der größten Sommerhitze darf kein Wasser vergeudet werden. Gießen Sie deshalb nur, was auch tatsächlich gegossen werden muss. Idealerweise verwendet man gesammeltes Regenwasser anstelle von Leitungswasser, vor allem bei längerer Trockenheit.

AUF EINEN BLICK

- **Wenn man einen Bereich** lange wässert, sickert das Wasser tief ins Erdreich. Dann wachsen auch die Wurzeln in die Tiefe.
- **Wenn man nur leicht** wässert und die oberste Bodenschicht benetzt, wachsen die Wurzeln zur Oberfläche hin. Dort vertrocknen sie leicht.
- **Füllen Sie** Pflanzgefäße nicht bis zum Rand mit Erde, damit beim Gießen kein Wasser überschwappt.

SIEHE AUCH

- **BÖDEN BESTIMMEN** >> 12/13
- **PFLEGE DES RASENS** >> 70/73

WASSER SPAREN

Regenwasser kann man in Tonnen sammeln, die an Dachrinnen angeschlossen sind. Auch Brauchwasser aus dem Haushalt lässt sich wiederverwenden, sofern es nicht mit Reinigungsmitteln verschmutzt ist.

Was muss gewässert werden? Normalerweise müssen nur frisch gepflanzte Gewächse, Töpfe und frisch verlegter Rasen gewässert werden. Wer Arten, die mindestens zwei Jahre alt werden, von November bis März pflanzt, braucht im Sommer nicht mehr so viel zu wässern, da sie bis dahin ein gutes Wurzelsystem gebildet haben. Dann muss man höchstens noch bei längeren Trockenperioden gießen.

Indem man für neue Pflanzen eine Mulde mit leicht erhöhtem Rand anlegt, schafft man ein Wasserreservoir.

Effizient wässern Gewässert wird am besten frühmorgens oder am Abend. Wenn man in der größten Tageshitze gießt, verdunstet ein Großteil der Flüssigkeit. Überschwemmen Sie die Pflanze nicht mit einem mächtigen Strahl, der Erde fortschwemmt und Wurzeln freilegt. Gießen Sie stattdessen behutsam und lassen Sie dem Wasser Zeit zum Versickern. Sprinkler verteilen es überwiegend auf dem Laub, wo es verdunstet oder abläuft.

Tropfbewässerung Dabei kommt ein Sickerschlauch zum Einsatz, der viele winzige Löcher hat. Er wird an einen leckdichten Gartenwasserhahn angeschlossen und zwischen die Pflanzen direkt auf das Erdreich gelegt. Ggf. kann man ihn auch mit Drahtklammern auf der Erde festpinnen. Das Wasser versickert direkt in der Erde.

Töpfe wässern Da Töpfe häufig gewässert werden müssen, erodiert das Substrat darin schnell, sodass Wurzeln freigelegt werden, vor allem bei flach wurzelnden Pflanzen. Zielen Sie mit dem Strahl auf eine Tonscherbe oder tragen Sie eine Mulchschicht aus Rindenschnipseln, Komposterde und Kies auf.

Wasserlanzen und Spritzaufsatz Beim Wässern mit einem Gartenschlauch geht weniger Wasser verloren, wenn man einen Spritzaufsatz mit Dosierfunktion an den Schlauch anschließt. So kann man von einem kräftigen Strahl bis zur feinen Brause, die die Erde nicht wegschwemmt, alles einstellen.

EIGENE KOMPOSTERDE **HERSTELLEN**

Mit einem Komposter werden versteckte Gartenecken optimal genutzt. Sie nehmen Küchen- und Gartenabfälle auf und verwandeln alles in wertvolle Komposterde, mit der man seine Pflanzen mit vielen Nährstoffen versorgen kann. Es gibt Komposter in unterschiedlichsten Größen und Ausführungen.

AUF EINEN BLICK

- **Stellen Sie den Komposter** an einen sonnigen bis halbschattigen Platz. Er sollte auf Erde und nicht auf befestigten Flächen stehen, damit bei der Zersetzung beteiligte Organismen in den Komposter gelangen.
- **Wässern Sie den Komposter,** falls er zu trocken wirkt. Für die Zersetzung sind Feuchtigkeit und Luftzirkulation notwendig.

SIEHE AUCH

- **BÖDEN VERBESSERN** >> 16/17
- **DIE PASSENDE TOPFERDE AUSWÄHLEN** >> 18/19

VORAUSSETZUNGEN

Ein Komposter braucht offenen Boden, einen Deckel und Platz an der Seite, damit man den Inhalt wenden kann. Er sollte groß genug für die Menge der organischen Abfälle sein, die in Garten und Küche anfallen.

Was gehört hinein? Füllen Sie eine ausgewogene Mischung aus stickstoffreichen Materialien wie Gemüseresten und trockeneren, kohlenstoffreichen Abfällen wie vertrocknetem Laub und Papier in den Komposter. Nicht hinein gehört Gekochtes, da es Maden anlockt. Mischen Sie die Materialien außerdem, anstatt eine dicke Schicht von nur einer Sorte Abfall aufzuhäufen.

Kompost wenden Organisches Material zersetzt sich im feuchten Inneren schneller als am kühlen, trockenen Rand. Deshalb sollte man den Inhalt des Komposters gelegentlich wenden. Dazu wartet man, bis er voll ist, schüttet den Inhalt aus und schaufelt ihn wieder hinein. Geben Sie vorerst kein frisches Material mehr dazu. In wenigen Monaten haben Sie fertige Komposterde.

WEITERE KOMPOSTTYPEN

Laubhumus Herbstlaub ist eine wertvolle Nährstoffquelle, denn es zersetzt sich zu dunklem, feinkrümeligem Humus, einem guten Bodenverbesserer. Es ist einfach, ihn herzustellen: Man sammelt feuchtes Laub auf und gibt es in einen Plastiksack, der zugebunden wird. Dann sticht man mit einer Grabgabel Löcher hinein und stellt ihn zwei Jahre an einen schattigen Platz.

Laubhumus ist ein exzellenter Bodenverbesserer für Hochbeete und Pflanzgefäße.

Wurmkomposter Sie eignen sich vor allem für kleine Gärten, in denen wenig anfällt, und bestehen aus einem gut durchlüfteten Kunststoffbehälter mit Wasserabzug. Sie enthalten Kompostwürmer, die organische Substanz zersetzen. »Gefüttert« werden sie mit weichem Gartenabfall.

Bokashi-Eimer In ihm wird organische Substanz, etwa Gemüsereste, Fleisch und Milchprodukte, mithilfe von Mikroorganismen zersetzt. Der Prozess ist geruchsfrei und findet im geschlossenen Behälter statt, was Fliegen fernhält. Bokashi eignet sich auch für die Kompostierung unter Glas.

WIE UND WANN **SCHNEIDEN**

Ein Schnitt hält Pflanzen ansehnlich, gesund und wüchsig, begrenzt ihre Ausbreitung und sorgt dafür, dass sie gut blühen und fruchten. Die meisten Schnittarbeiten sollten jährlich erfolgen, selbst wenn man nur abgestorbenes, krankes oder verletztes Holz herausnimmt

Abgestorbenes Holz

Durch Pilz verursachte Krankheit

Abgestorbenes und krankes Holz entfernen Sobald man totes oder infiziertes Holz sieht, schneidet man es ab. Es ist eine Eintrittspforte für Krankheitserreger, die sich in der Pflanze ausbreiten und auch gesunde Triebe angreifen. Außerdem sieht totes Holz unschön aus. Bei Verletzungen bilden Gehölze durch natürliche Abwehrreaktionen irgendwann eine leicht verdickte Barriere zwischen lebendem und totem Material. Man entfernt die abgestorbenen Teile darüber.

AUF EINEN BLICK

- **Der Hauptgrund** für einen Baum- oder Strauchschnitt ist die Größenbegrenzung. Bei Blütenpflanzen erfolgt der Schnitt meist nach der Blüte, immergrüne Arten kann man zwei- oder dreimal im Jahr während der Vegetationsperiode stutzen.
- **Eine gesunde Aststruktur** ist bei Bäumen wichtig. Daher müssen überkreuzte Äste, die aneinander reiben, ebenso entfernt werden wie alles tote, zerbrochene oder kranke Holz.

SIEHE AUCH

- **EINEN AST ABSCHNEIDEN** >> 166/167
- **APFELBÄUME SCHNEIDEN** >> 224/225

BESSERE BLÜTE DURCH EINEN SCHNITT

Schneidet man Sträucher gleich nach der Blüte, blühen sie im nächsten Jahr wieder eifrig. Manchen Pflanzen tut auch das Entfernen welker Blüten gut, etwa Rosen. Zwicken Sie Verblühtes einfach mit den Fingern ab.

Zwei Stämme An der Spitze von Bäumen können sich zwei Haupttriebe bilden, wenn ähnlich wüchsige Leittriebe eng beisammenwachsen. Der schwächere der beiden wird entfernt, da sie sonst voneinander weg wachsen und sich so eine Schwachstelle entwickelt. Irgendwann bricht einer der Triebe ab und verursacht ernsthafte Schäden. Das kann zwar erst in vielen Jahren der Fall sein, doch man sollte es gar nicht erst so weit kommen lassen, sondern schon früh eingreifen.

Der schwächere Trieb muss weg.

Ein einzelner Haupttrieb ist kräftiger.

Wildtriebe entfernen Ein Wildtrieb ist ein Spross, der sich aus der Basis einer Pflanze knapp über dem oder aus dem Wurzelsystem entwickelt. Lässt man ihn wachsen, kann er die ursprüngliche Pflanze völlig überwuchern und verdrängen. Wildtriebe kommen meist an veredelten Pflanzen wie Rosen vor und unterscheiden sich für gewöhnlich recht deutlich von den anderen Trieben. Erkennt man sie schon im Ansatz, kann man sie einfach abreißen.

WERKZEUG **PFLEGEN**

Mit dem passenden Schnittwerkzeug und der angemessenen Sicherheitsausrüstung ist der Schnitt von Pflanzen eine sichere Sache. Er verhindert die Verbreitung von Krankheitserregern im Garten und kann sogar Spaß machen. Auch die Pflege des Werkzeugs trägt zur Sicherheit bei – und verlängert zudem die Lebensdauer der Geräte.

SIE BRAUCHEN

- Stück Metall mit gerader Kante oder Klinge, etwa ein Taschenmesser
- Stahl- bzw. Drahtwolle
- grobe Bürste
- Schmieröl
- Reinigungstuch
- Gartenhandschuhe

SIEHE AUCH

- **WIE UND WANN SCHNEIDEN** >> 236/237
- **KRANKHEITEN VERHINDERN** >> 246/247

SICHERHEITSTIPPS

Tragen Sie bei der Benutzung von Werkzeug mit Klingen Handschuhe und bei der Bedienung von Heckenscheren eine Schutzbrille. Elektrogeräte sollten mit einer Sicherung ausgestattet sein.

GARTENSCHERE REINIGEN

1 Beim Schneiden verklebt Pflanzensaft die Klingen, sodass sie schwergängig werden. Reste mit einem Stück Metall mit gerader Kante, etwa einem Metalletikett oder Taschenmesser, abkratzen.

2 Anschließend die Klingen mit Stahlwolle abreiben, um weitere Saftreste, Rost oder anderes Material zu entfernen. Dabei Handschuhe tragen, um Verletzungen zu vermeiden.

3 Die gesäuberten Klingen einölen. Das schützt sie während der Aufbewahrung vor Rost und hält sie überdies scharf und sauber.

ASTSÄGEN REINIGEN

1 Nach dem Schneiden mit einer groben Bürste Sägemehl zwischen den Zähnen entfernen. Es kann sich verhärten und die Sägeleistung beeinträchtigen.

2 Mit Stahlwolle beide Seiten des Sägeblatts polieren. Das entfernt Pflanzensaft und Schmutz, die ebenfalls dazu führen können, dass die Säge schlechter schneidet.

3 Bevor man die Säge nach der Reinigung verstaut, mit einem Tuch etwas Öl als Rostschutz auf die Klinge reiben.

Bienen sind gute Bestäuber und spielen eine wichtige Rolle im Ökosystem des Gartens. Kultivieren Sie Pflanzen, die vom Frühjahr bis zum Frühherbst blühen, um die Insekten lange anzulocken.

UNKRAUT **BEKÄMPFEN**

Wer schon ab dem Beginn der ersten Saison gut jätet, kann Unkräuter, die jedes Jahr auftauchen, nach und nach immer stärker dezimieren. Die hartnäckigeren Gäste allerdings brauchen evtl. eine Spezialbehandlung, deshalb hier ein paar Infos, wie man mit ihnen fertig wird.

AUF EINEN BLICK

- **Oft heißt es,** ein Unkraut ist nur eine Pflanze am falschen Ort. Das stimmt, aber viele Unkräuter sind sehr wüchsig und müssen dezimiert werden.
- **Rasen** bekommt man mit einer Gabel, einem Küchenmesser und einem Unkrautstecher unkrautfrei.
- **Mit einer Gartenhacke** jätet man in Beeten frische Unkräuter.

SIEHE AUCH

- **PFLEGE DES RASENS** >> 70/73
- **SCHÄDLINGE BEKÄMPFEN** >> 244/245
- **KRANKHEITEN VERHINDERN** >> 246/247

FREUND ODER FEIND?

Nicht jedes Unkraut muss ausgemerzt werden , viele sind eine wertvolle Nahrungsquelle für Insekten. Blühender Löwenzahn ist gut für Bienen und Schwebfliegen. Wenn man seine welken Blüten abzwickt, sät er sich nicht aus.

Winden Sie klettern an anderen Pflanzen hoch und überwuchern sie. Winden haben drahtige Triebe, herzförmige Blätter und weiße oder rosa Trompetenblüten. Schon das kleinste Wurzelstück treibt wieder aus. Wenn das Unkraut sehr hartnäckig ist, gräbt man die Wurzeln aus, und deckt die Stelle 12–18 Monate lang mit lichtundurchlässiger Unkrautfolie ab.

Brennnesseln Ein Kontakt mit diesen Pflanzen kann wegen der Brennhaare ausgesprochen schmerzhaft sein. Kleine Exemplare lauern oftmals unentdeckt in Rabatten. Die langlebigen Pflanzen breiten sich unterirdisch durch dünne Ausläufer aus. Brennnesseln werden am besten ausgegraben; dabei sollte man Handschuhe tragen.

Mit Ampferblättern kann man Hautreizungen lindern, die von der Brennnessel verursacht werden.

Ampfer Die große Pflanze mit dem weichen, üppigen Laub kommt in Beeten, Rabatten und Grasflächen vor. Sie bildet eine lange, tief reichende Pfahlwurzel, die leicht bricht und vollständig aus der Erde geholt werden muss, da sie sonst neu austreibt. Einzelne Pflanzen kann man auch loswerden, indem man sie immer wieder abschneidet.

Japanknöterich Das Unkraut wird bis zu 2 m hoch und ist dicht mit herzförmigen Blättern besetzt. Der zähe Wurzelstock breitet sich stark aus und kann aus kleinsten Stückchen eine neue Kolonie bilden. Decken Sie die Stelle 12–18 Monate lang mit Unkrautfolie ab und graben Sie die Wurzeln aus, nachdem die Pflanze abgestorben ist.

Jakobs-Greiskraut Das kurzlebige Unkraut setzt sich meist in Rasen fest. Es bildet behaarte, recht unangenehm riechende, fiederteilige Blätter und gelbe Blütenkörbchen an hohen Stängeln. Das Kraut ist unansehnlich und giftig für Vieh. Die Rosetten werden von Hand oder mit dem Unkrautstecher gejätet, bevor sie sich aussäen.

SCHÄDLINGE **BEKÄMPFEN**

Ein Garten mit vielen Vögeln und Kleingetier ist ein lebendiger, gesunder Garten. Manchmal aber nehmen Schädlinge überhand und schädigen Zier- und Nutzpflanzen. Versuchen Sie es zuerst mit präventiven, nicht chemischen Mitteln und nutzen Sie Schädlingsvernichter nur, wenn es keinen anderen Ausweg mehr gibt.

AUF EINEN BLICK

- **Schaffen Sie günstige Bedingungen** für Nützlinge. Ein Holzstoß in einer Ecke dient Laufkäfern als Unterschlupf und lockt Igel an, die Schnecken fressen.
- **Kultivieren Sie ähnliche Arten** nicht zu lange an ein und derselben Stelle, vor allem einjährige Blumen und Gemüse, da sie dann anfälliger für Schädlinge werden.

SIEHE AUCH

- **UNKRAUT BEKÄMPFEN** >> 242/243
- **KRANKHEITEN VERHINDERN** >> 246/247
- **NÜTZLINGE IM GARTEN** >> 248/249

FLASCHENBARRIEREN

Schützen Sie empfindliche Jungpflanzen mit Hindernissen wie Plastikflaschen (oben) vor Attacken. Dazu schneidet man ihren Boden ab und stülpt sie über die Pflanzen, sodass Schnecken sie nicht mehr erreichen.

Rasches Handeln Normalerweise werden Schädlinge von ihren natürlichen Feinden dezimiert. Sieht ein Befall unschön aus oder droht die Pflanze sogar abzusterben, entfernt man die Tiere von Hand. Blattläuse kann man zerdrücken, Schnecken absammeln.

Starker Befall Zu starker Befall kann einer Pflanze den Garaus machen. Mitunter reicht es, geschädigte Teile zu entfernen. Geht eine Pflanze ein, kann man sie durch eine widerstandsfähigere Sorte ersetzen.

Ameisen Wenn Ameisen ihre Nester in Rasen oder Töpfe bauen, kann das Pflanzenwachstum beeinträchtigt werden. Solange die lästigen Tiere aber keine großen Schäden verursachen, sollte man sie dulden.

Blattläuse Sie saugen den Saft vieler Pflanzen und verursachen Kümmerwuchs, übertragen aber auch Krankheiten. Besonders anfällig sind Rosen. Locken Sie Marienkäfer an, die natürlichen Feinde der Blattläuse.

Schnecken Die wohl bekanntesten Gartenschädlinge überhaupt fressen – meist nachts – Jungpflanzen und Sämlinge an. Manche Pflanzen sind besonders anfällig, etwa Funkien.

Entfernen Sie Unkräuter und Pflanzenreste, unter denen sich Schnecken verkriechen können.

KRANKHEITEN **VERHINDERN**

Wenn Pflanzen mitgenommen aussehen, ohne dass ein Schädling zu sehen ist, kann eine Krankheit dahinterstecken. Die Gefahr einer Ansteckung lässt sich allerdings verringern. Wer typische Krankheiten zu diagnostizieren vermag, kann auch rasch erfolgreich dagegen vorgehen.

AUF EINEN BLICK

- **Sind Pflanzen gesund,** ist auch das Risiko einer Erkrankung gering. Eine Infektion verläuft oft schlimmer, wenn Pflanzen gestresst sind, etwa weil ihnen Wasser oder Nährstoffe fehlen.
- **Achten Sie beim Kauf** darauf, ob die Pflanze gesund ist und sich für den vorgesehenen Standort eignet. Dann ist auch das Risiko geringer.

SIEHE AUCH

- **GESUNDE PFLANZEN** >> 20/21
- **UNKRAUT BEKÄMPFEN** >> 242/243
- **SCHÄDLINGE BEKÄMPFEN** >> 244/245

PFLANZENVIREN

Viren verursachen meist Kümmerwuchs oder Blütenverfärbungen. Sie breiten sich über den Saft in der Pflanze aus und können von Blattläusen übertragen werden. Infizierte Exemplare müssen meist vernichtet werden.

Krankheitsüberträger vernichten Das Risiko einer Erkrankung lässt sich senken, wenn man den Garten sauber hält, also kranke Pflanzenteile entfernt und entsorgt. Abgefallenes Laub kann ebenfalls Krankheiten übertragen, denn Pilzsporen auf den Blättern breiten sich über die Luft aus. Krankes Material gehört nicht auf den Komposter, sondern in den Müll.

Vorbeugen und Ersetzen
Indem man Pflanzen gesund hält und Material entsorgt, das Krankheiten übertragen kann, lässt sich das Risiko einer Ausbreitung minimieren. Manchmal aber erkranken Pflanzen immer wieder oder aber so stark, dass sie entfernt werden müssen. In solchen Fällen ersetzt man sie durch gesunde, widerstandsfähige Züchtungen.

Malvenrost ruiniert das Aussehen von Stockrosen und lässt sich kaum bekämpfen. Pflanzen Sie Alternativen wie Fingerhut.

HÄUFIGE KRANKHEITEN

Sternrußtau Der Pilz wird durch Regen und Luft übertragen. Er verursacht schwarze Flecken mit zuweilen gelbem Rand auf Blättern. Infizierte Blätter werden entfernt und vernichtet, entweder durch Verbrennen oder Entsorgen im Müll.

Echter Mehltau Dieser Pilz setzt sich auf dem Laub der Pflanzen fest. Die Blätter werden gelb und fallen ab. Ursache ist oft Trockenheit. Gießen Sie deshalb durchdringend und entfernen Sie befallene Teile. Man kann dauerhafte Infektionen aber tolerieren.

Rost Die Pilzkrankheit äußert sich in orangeroten Flecken auf der Blattunterseite und sorgt für vorzeitigen Laubfall. Entfernen Sie infizierte Teile und verbessern Sie die Durchlüftung. Ansonsten kann man mit einem Befall leben.

NÜTZLINGE **IM GARTEN**

Manche Tiere bestäuben Pflanzen, andere zersetzen Reste und wieder andere machen sich über Schädlinge her. Diesen Helfern sollte man es im Garten so gemütlich wie möglich machen.

AUF EINEN BLICK

- **Am besten lassen sich** Nützlinge in den Garten locken, indem man Raum für Insekten und Vögel schafft sowie Pflanzen kultiviert, von denen sie sich ernähren.
- **Nützlinge kann man** schon allein dadurch anlocken, dass man einen kleinen Gartenbereich sich selbst überlässt, einen Laubhaufen liegen lässt oder einen Naturteich anlegt.

SIEHE AUCH

- **UNKRAUT BEKÄMPFEN** >> 242/243
- **SCHÄDLINGE BEKÄMPFEN** >> 244/245
- **KRANKHEITEN VERHINDERN** >> 246/247

BIENENHOTEL

Solitärbienen sind ausgezeichnete Bestäuber, haben aber manchmal Schwierigkeiten, Unterschlupf zu finden. Abhilfe schaffen Nisthilfen mit gekürzten Bambusstäben oder ein Holzklotz, in den Löcher gebohrt wurden.

Fleißige Bienen Die Blüten vieler Gemüsearten, etwa von Bohnen, müssen von Insekten bestäubt werden, damit sich Früchte bilden. Bienen erledigen diese Arbeit mit Bravour. Pflanzen Sie also einige für sie attraktive Blumen, damit sie einen Grund haben, bei Ihnen vorbeizuschauen.

Räuberische Insekten
Viele Insekten leben von Schädlingen und können ganze Bestände vernichten. Es lohnt sich also, sich mit ihnen gutzustellen. Dadurch sorgt man für ein natürliches Gleichgewicht. Die meisten Schädlingsvernichter, selbst biologische, machen auch Nützlingen den Garaus. Man sollte sie also nur als letzten Ausweg zum Einsatz bringen.

Schwebfliegen Sie werden manchmal für Bienen gehalten. Adulte Tiere sind gute Bestäuber, während sich ihre Larven von Schädlingen ernähren.

Marienkäfer Adulte Tiere kennt jeder (siehe gegenüber), doch die weniger ansehnlichen Larven (oben) machen sich ebenfalls über Blattläuse her.

Tierische Verbündete
Auch wenn man sie nicht immer sieht, sind viele größere Gartenbewohner wie Vögel und Igel wichtige Gartenhelfer. Sie ernähren sich von Schnecken und anderen unwillkommenen Gästen. Vögel sind rasch zur Stelle, wenn sie Nahrung finden. Andere Verbündete lassen sich Insekten schmecken und probieren nebenbei gleich ein paar Schnecken. Schaffen Sie daher Lebensräume für möglichst viele Tiere – ihr Dank ist Ihnen sicher.

Kompostwürmer Sie sind kleiner und röter als Regenwürmer, wandeln aber Pflanzenreste im Nu in wertvollen Kompost um.

Frösche Selbst ein kleiner Teich kann Fröschen (und Kröten) zur Heimat werden. Sie helfen mit, Schnecken zu dezimieren.

REGISTER

G

H

I

J

K

L

M

N

O

P

R

S

AUTOREN

Die Royal Horticultural Society ist eine der führenden Gartengesellschaften der Welt. Sie widmet sich der Förderung des Gartenbaus und gemeinnütziger Aktivitäten. Dazu zählen Beratungstätigkeiten, die Ausbildung der nächsten Generation von Gärtnern, die Förderung der Jugendarbeit und die Vermittlung der Faszination des Gärtnerns an Kinder. Hinzu kommen Forschungsprojekte in den Bereichen Botanik, Schädlingsbekämpfung und Umweltschutz.

Mehr darüber auf **www.rhs.org.uk**

Dieses Buch ist eine Zusammenfassung folgender Titel, die überwiegend in der Reihe **Besser gärtnern** bei Dorling Kindersley erschienen sind:

Kleine Gärten anlegen Phil Clayton

Schattige Gärten gestalten Andrew Mikolajski

Unser Familiengarten Lia Leendertz

Clever und entspannt gärtnern Jenny Hendy

Pflanzen in Töpfen und Kübeln Richard Rosenfeld

Clematis & andere Kletterpflanzen David Gardner

Rasen & Bodendecker Simon Akeroyd

Gräser & Bambus Jon Ardle

Gärtnern Schritt für Schritt Phil Clayton, Jenny Hendy, Colin Crosbie, Jo Whittingham

Pflanzen richtig schneiden Colin Crosbie

Gärtnern ohne Garten Jo Whittingham

Gemüse selbst anbauen Jo Whittingham

Mein Kräutergarten William Denne

DANK & BILDNACHWEIS

Der Verlag dankt Jo Hargreaves für das Lektorat und Christine Shuttleworth für das Register.

Bildnachweis Der Verlag dankt folgenden Personen und Institutionen für ihre freundliche Genehmigung zum Nachdruck ihrer Fotografien: (Schlüssel: o = oben, u = unten, m = Mitte, r = rechts, l = links, g = ganz) 36 GAP Photos (m). 44 Dorling Kindersley: RHS Hampton Court Flower Show 2014 (gol). 65 Getty Images: Evan Sklar / The Image Bank (mr, ur). 71 GAP Photos: Modeste Herwig (gom); Andrea Jones (ml). 227 Dorling Kindersley: Alan Buckingham (gor); RHS Chelsea Flower Show 2011 (ul). 229 Garden World Images: Harry Smith Collection (ul). 245 Alamy Stock Photo: Sheila Halsall (gol). 247 Alamy Stock Photo: Nigel Cattlin (gor).